Samir Chaudhari

Sabedoria Ayurvédica: Cura Antiga para a Vida Moderna

"SABEDORIA AYURVÉDICA: CURA ANTIGA PARA A VIDA MODERNA"

Índice

"Sabedoria Ayurvédica: Cura Antiga para a Vida Moderna"

Num mundo em que o stress, as doenças crónicas e as doenças relacionadas com o estilo de vida estão a aumentar, muitas pessoas procuram caminhos alternativos para a saúde e o bem-estar. E se a resposta aos desafios de saúde modernos estiver num sistema de medicina antigo que resistiu ao teste do tempo durante mais de 5000 anos? Bem-vindo ao mundo da Ayurveda, uma abordagem holística da saúde que oferece conhecimentos profundos sobre o corpo, a mente e o espírito humanos.

"Sabedoria Ayurvédica: Ancient Healing for Modern Living" é o seu guia completo para desbloquear o poder transformador da sabedoria ayurvédica no contexto da vida contemporânea. Este livro faz a ponte entre as tradições antigas e a ciência moderna, oferecendo soluções práticas para alcançar o equilíbrio, a vitalidade e o bem-estar duradouro no mundo acelerado de hoje.

Ayurveda, que significa "a ciência da vida" em sânscrito, não é apenas mais uma tendência de saúde ou uma solução rápida. É um sistema de cura natural testado pelo tempo que enfatiza a prevenção e os cuidados personalizados. Ao contrário das abordagens de tamanho único, a Ayurveda reconhece que cada indivíduo é único, com uma constituição específica ou dosha que influencia o seu bem-estar físico, mental e emocional. Ao compreender e trabalhar com a sua constituição única, pode desbloquear a chave para uma saúde óptima e longevidade.

O que distingue este livro é a sua abordagem prática e acessível à Ayurveda. Enquanto muitos textos sobre o assunto podem ser densos e difíceis de navegar, "Ayurvedic Wisdom: Ancient Healing for Modern Living" decompõe conceitos complexos em princípios fáceis de compreender e passos acionáveis. Quer seja novo na Ayurveda ou tenha alguma familiaridade com os seus conceitos, este livro oferece novas perspectivas e ferramentas práticas para integrar esta sabedoria antiga na sua vida quotidiana.

Ao longo das páginas deste livro, irá explorar vários temas-chave que constituem a base da prática ayurvédica. O primeiro e mais importante é o conceito de equilíbrio. A Ayurveda ensina que a saúde não é apenas a ausência de doença, mas um estado de harmonia entre o corpo, a mente e o espírito. Aprenderá a identificar os desequilíbrios na sua constituição e a utilizar a dieta, o estilo de vida e os remédios naturais para restabelecer o equilíbrio.

Outro tema central é a importância dos cuidados individualizados. A Ayurveda reconhece que o que funciona para uma pessoa pode não funcionar para outra. Este livro guiá-lo-á através do processo de descoberta do seu dosha ou tipo de corpo único e fornecerá recomendações personalizadas para dieta, exercício e rotinas diárias que se alinham com as suas necessidades individuais.

O poder da natureza na cura é outro conceito-chave que irá encontrar. A Ayurveda aproveita as propriedades curativas das ervas, dos alimentos e dos elementos naturais para apoiar a capacidade inata do corpo de se curar a si próprio. Descobrirá uma grande quantidade de informações sobre ervas ayurvédicas, especiarias e remédios caseiros que podem resolver problemas de saúde comuns e aumentar a vitalidade geral.

A atenção plena e a auto-consciência são também aspectos cruciais da prática ayurvédica. Este livro enfatiza a importância de cultivar uma ligação profunda com o seu corpo e as suas necessidades. Aprenderá técnicas de alimentação consciente, gestão do stress e meditação que o podem ajudar a sintonizar-se com a sabedoria do seu corpo e a fazer escolhas que apoiem a sua saúde.

Por último, o livro explora o conceito de vida holística. A Ayurveda não se concentra apenas na saúde física, mas considera todos os aspectos da vida - incluindo as relações, o trabalho e o ambiente - como parte integrante do bem-estar geral. Irá obter informações sobre como criar harmonia em todas as áreas da sua vida, desde as suas rotinas diárias até ao seu espaço de vida.

"Sabedoria Ayurvédica: Ancient Healing for Modern Living" foi concebido para quem procura uma abordagem natural e holística da saúde e do bem-estar. Quer esteja a lidar com problemas de saúde específicos, a procurar prevenir problemas futuros ou simplesmente a querer otimizar o seu bem-estar, este livro oferece ideias valiosas e estratégias práticas. É particularmente relevante para aqueles que se sentem sobrecarregados por informações de saúde contraditórias e procuram uma abordagem personalizada e testada pelo tempo para o bem-estar.

Indivíduos preocupados com a saúde que estão interessados em remédios naturais e medicina de estilo de vida encontrarão uma riqueza de informações sobre como usar os alimentos como remédio, incorporando ervas e especiarias curativas na sua dieta e criando rotinas diárias nutritivas. Os praticantes de ioga irão apreciar a orientação pormenorizada sobre a adaptação da sua prática para apoiar a sua constituição única. Aqueles que lidam com stress, problemas digestivos, problemas de sono ou desequilíbrios hormonais descobrirão soluções ayurvédicas específicas para estas doenças modernas comuns.

Os pais que procuram formas naturais de apoiar a saúde dos seus filhos encontrarão conselhos valiosos sobre a determinação do dosha da criança e a utilização de remédios ayurvédicos suaves para problemas comuns da infância. Os profissionais que procuram equilibrar as exigências da carreira com o bem-estar pessoal aprenderão estratégias para criar um ambiente de trabalho favorável à Ayurveda e gerir eficazmente o stress.

Ao ler este livro, obterá uma compreensão abrangente dos princípios ayurvédicos e da forma de os aplicar na sua vida quotidiana. Aprenderá a avaliar a sua própria constituição e a identificar desequilíbrios, permitindo-lhe assumir o controlo da sua saúde. O livro fornece ferramentas práticas para criar uma dieta personalizada e planos de estilo de vida que se alinham com as suas necessidades e objectivos únicos.

Irá descobrir uma vasta gama de práticas e remédios ayurvédicos, desde técnicas de ioga e meditação a remédios à base de plantas e diretrizes dietéticas. Estas ferramentas permitir-lhe-ão tratar naturalmente os problemas de saúde mais comuns e criar resistência contra futuros desequilíbrios. Além disso, obterá conhecimentos sobre os aspectos mais profundos da saúde, incluindo a ligação mente-corpo e o impacto dos seus pensamentos e emoções no seu bem-estar físico. Talvez o mais importante seja o facto de este livro mudar a sua perspetiva sobre a saúde e a cura. Em vez de ver a saúde como uma batalha contra a doença, aprenderá a vê-la como uma viagem de auto-descoberta e de harmonia com a natureza. Esta mudança de paradigma pode levar a mudanças profundas na forma como encara não só a sua saúde, mas toda a sua vida.

Ao embarcar nesta viagem ao mundo da Ayurveda, prepare-se para se surpreender com a profundidade e a sabedoria desta ciência milenar. As páginas que se seguem abrir-lhe-ão os olhos para uma nova forma de compreender o seu corpo, a sua saúde e o seu lugar no mundo natural. Descobrirá que a verdadeira saúde não se trata apenas de tratar sintomas, mas de se alinhar com os ritmos da natureza e nutrir o equilíbrio em todos os aspectos da vida.

Quer esteja a procurar resolver problemas de saúde específicos, aumentar a sua vitalidade ou simplesmente viver uma vida mais equilibrada e gratificante, "Ayurvedic Wisdom: Ancient Healing for Modern Living" oferece um roteiro para atingir os seus objectivos de bem-estar. Está na altura de desbloquear o poder transformador da Ayurveda e embarcar numa viagem rumo a uma saúde e bem-estar ideais. Está pronto para descobrir o seu caminho único para a vitalidade e o equilíbrio? Vamos começar.

1. Introdução à Ayurveda: Sabedoria Antiga para a Vida Moderna

Ao embarcarmos nesta viagem ao mundo da Ayurveda, é essencial compreender que este antigo sistema de medicina não é apenas um conjunto de práticas, mas uma filosofia de vida abrangente. A Ayurveda, que significa "a ciência da vida" em sânscrito, oferece uma abordagem holística à saúde e ao bem-estar que resiste ao teste do tempo há mais de 5000 anos. Com origem no subcontinente indiano, a Ayurveda evoluiu e adaptou-se, permanecendo relevante mesmo no nosso mundo moderno e acelerado.

Os fundamentos da Ayurveda remontam aos antigos textos védicos, nomeadamente o Atharva Veda, um dos quatro textos sagrados do hinduísmo. Estes textos descrevem a intrincada ligação entre o corpo humano, a mente e o espírito, bem como a sua relação com o mundo natural. Ao contrário de muitos sistemas médicos modernos que se concentram principalmente no tratamento dos sintomas, a Ayurveda procura abordar as causas profundas do desequilíbrio e da doença, dando ênfase à prevenção e à manutenção da saúde geral.

Na sua essência, a Ayurveda baseia-se no conceito de que tudo no universo, incluindo os nossos corpos, é composto por cinco elementos básicos: terra, água, fogo, ar e éter (espaço). Estes elementos combinam-se em várias proporções para formar as três energias fundamentais ou forças vitais conhecidas como doshas: Vata, Pitta e Kapha. Compreender estes doshas é crucial para compreender os princípios da Ayurveda e a forma como se aplicam às nossas constituições individuais e à saúde em geral.

Vata, o primeiro dosha, é composto principalmente pelos elementos ar e éter. Governa todos os movimentos do corpo, desde o fluxo sanguíneo ao ritmo da respiração e ao disparo dos impulsos nervosos. Os indivíduos com uma constituição Vata dominante tendem a ser criativos, enérgicos e de raciocínio rápido, mas também podem ser propensos a ansiedade, insónias e problemas digestivos quando não estão equilibrados. Vata está associado a qualidades como seco, leve, frio, áspero, subtil e móvel.

Pitta, o segundo dosha, é composto principalmente pelos elementos fogo e água. Rege o metabolismo, a digestão e os processos de transformação do corpo. As pessoas com uma constituição Pitta dominante possuem muitas vezes um intelecto forte, uma concentração nítida e capacidades naturais de liderança. No entanto, quando em desequilíbrio, podem ter problemas relacionados com inflamação, raiva e competitividade excessiva. Pitta é caracterizado por qualidades como quente, agudo, leve, líquido e oleoso.

Kapha, o terceiro dosha, é composto principalmente pelos elementos terra e água. Fornece estrutura e estabilidade ao corpo, regendo aspectos como a imunidade, a lubrificação e a estabilidade emocional. Os indivíduos com uma constituição Kapha dominante tendem a ser calmos, carinhosos e fisicamente fortes. Quando em desequilíbrio, podem debater-se com problemas relacionados com o aumento de peso, letargia e apego. Kapha está associado a qualidades como pesado, lento, frio, oleoso e suave.

É importante notar que, embora cada pessoa tenha uma combinação única dos três doshas, a maioria dos indivíduos tem um ou dois doshas dominantes que moldam as suas caraterísticas físicas, mentais e emocionais. Esta constituição única, conhecida como prakriti na Ayurveda, é determinada na conceção e permanece constante ao longo da vida. No entanto, o estado atual de equilíbrio ou desequilíbrio dos doshas, conhecido como vikriti, pode flutuar com base em vários factores, como a dieta, o estilo de vida, o stress e as influências ambientais.

O conceito de equilíbrio é fundamental para a filosofia ayurvédica. Quando os doshas estão em equilíbrio, experimentamos uma saúde e um bem-estar óptimos. No entanto, quando um ou mais doshas se tornam excessivos ou deficientes, isso pode levar a desequilíbrios físicos, mentais ou emocionais que podem eventualmente manifestar-se como doença. É por isso que a Ayurveda dá tanta ênfase à manutenção do equilíbrio através de uma dieta adequada, práticas de estilo de vida e remédios naturais adaptados à constituição única de cada indivíduo.

 "O primeiro passo para perceber como criar equilíbrio é compreender o princípio básico da Ayurveda: o semelhante aumenta o semelhante e os opostos equilibram-se. Isto significa que se uma pessoa tem uma predominância de alguma qualidade (quente, frio, seco, oleoso) pode ser equilibrada através da introdução da qualidade oposta."

Este princípio de equilíbrio vai para além do indivíduo e abrange a nossa relação com o mundo natural. A Ayurveda reconhece que os seres humanos não estão separados da natureza, mas são parte integrante dela. Como tal, viver em harmonia com os ritmos e ciclos naturais é visto como essencial para manter a saúde e prevenir doenças. Isto inclui alinhar as nossas rotinas diárias com os ciclos naturais do dia e da noite, adaptar as nossas dietas e estilos de vida às mudanças das estações e cultivar uma ligação profunda com o ambiente natural.

A abordagem holística da Ayurveda é talvez um dos seus aspectos mais distintivos e valiosos, especialmente no nosso mundo moderno, onde os cuidados de saúde se centram frequentemente no tratamento de sintomas isolados, em vez de se debruçarem sobre a pessoa no seu todo. A Ayurveda considera não só o corpo físico, mas também a mente, as emoções e o espírito como aspectos interligados da saúde. Esta visão abrangente permite uma abordagem mais matizada e personalizada do bem-estar que pode tratar as causas profundas do desequilíbrio e promover a verdadeira cura.

"A Ayurveda não é apenas um sistema de cuidados de saúde, mas um modo de vida que nos ensina a manter a saúde e a melhorar a nossa energia e a nossa consciência através do que ingerimos nos nossos corpos e mentes." Esta afirmação sublinha o profundo impacto que os princípios ayurvédicos podem ter quando integrados na nossa vida quotidiana.

À medida que nos aprofundamos nos princípios e práticas da Ayurveda ao longo deste livro, é importante abordar esta sabedoria antiga com uma mente aberta e uma vontade de explorar novas perspectivas sobre a saúde e o bem-estar. Embora alguns conceitos possam parecer pouco familiares ou mesmo desafiantes para as nossas sensibilidades modernas, a relevância duradoura da Ayurveda reside na sua capacidade de oferecer soluções práticas e naturais para muitos dos desafios de saúde que enfrentamos atualmente.

Do stress crónico e problemas digestivos aos desequilíbrios hormonais e distúrbios do sono, a Ayurveda fornece um conjunto de ferramentas abrangente para abordar uma vasta gama de problemas de saúde. Ao compreendermos as nossas constituições únicas, ao alinharmos os nossos estilos de vida com os ritmos naturais e ao aproveitarmos o poder dos alimentos, das ervas e das práticas conscientes, podemos explorar o potencial transformador deste antigo sistema de medicina.

Como concluímos esta introdução à Ayurveda, "a Ayurveda é a ciência da vida e tem uma abordagem muito básica e simples, que é a de que fazemos parte do universo e o universo é inteligente e o corpo humano faz parte do corpo cósmico, e a mente humana faz parte da mente cósmica, e o átomo e o universo são exatamente a mesma coisa".

Esta profunda interligação que a Ayurveda reconhece entre o indivíduo e o cosmos constitui a base para uma abordagem verdadeiramente holística da saúde e do bem-estar. À medida que avançamos na nossa exploração dos princípios e práticas ayurvédicas, descobriremos como esta sabedoria antiga pode ser aplicada a todos os aspectos da nossa vida moderna, desde os alimentos que ingerimos e a forma como movimentamos o nosso corpo até às nossas rotinas diárias e às nossas relações com os outros e com o ambiente.

No próximo capítulo, vamos aprofundar o conceito de doshas, explorando a forma de determinar a sua constituição única e o que isso significa para a sua saúde e bem-estar. Compreender o seu dosha dominante é um primeiro passo crucial na aplicação dos princípios ayurvédicos à sua vida, uma vez que fornece informações valiosas sobre as suas tendências naturais, pontos fortes e potenciais desequilíbrios. Este conhecimento servirá de base para as aplicações práticas da Ayurveda que iremos explorar ao longo do resto do livro, permitindo-lhe fazer escolhas informadas sobre a sua dieta, estilo de vida e práticas de autocuidado.

2. Compreender o seu Dosha: Descobrir a sua constituição única

O conceito de doshas está no centro da filosofia ayurvédica, fornecendo uma estrutura para compreender a constituição única de cada indivíduo. Ao aprofundarmos este capítulo, baseamo-nos nos conhecimentos fundamentais da Ayurveda introduzidos anteriormente, concentrando-nos agora nas caraterísticas específicas de cada dosha e na forma como se manifestam na nossa constituição física, mental e emocional. Ao compreender o seu dosha dominante, obtém informações valiosas sobre as suas tendências naturais, pontos fortes e potenciais desequilíbrios, permitindo-lhe fazer escolhas informadas sobre a sua dieta, estilo de vida e bem-estar geral.

Os três doshas - Vata, Pitta e Kapha - são derivados dos cinco elementos da natureza: éter, ar, fogo, água e terra. Cada dosha é uma combinação única destes elementos, resultando em qualidades e atributos distintos. Vata, composto de éter e ar, incorpora os princípios de movimento e mudança. Pitta, uma combinação de fogo e água, representa a transformação e o metabolismo. Kapha, formado por água e terra, exemplifica a estrutura e a estabilidade. Embora todos nós possuamos os três doshas, eles existem em proporções variáveis, criando a nossa prakriti individual, ou constituição natural.

Comecemos por explorar as caraterísticas de Vata dosha. Os indivíduos com uma constituição predominante de Vata tendem a ser criativos, de raciocínio rápido e adaptáveis. Fisicamente, têm frequentemente um corpo esguio, pele seca e mãos e pés frios. A sua energia vem em explosões e podem ter tendência para a ansiedade, insónias e problemas digestivos quando estão desequilibrados. Os tipos Vata são frequentemente atraídos por novas experiências e mudanças, mas também podem ficar facilmente sobrecarregados e fatigados.

"As pessoas de Vata são como o vento - sempre em movimento, em mudança e difíceis de determinar. São as forças criativas do universo, trazendo novas ideias e inspiração para o mundo." Esta descrição poética capta a essência da natureza dinâmica e imprevisível de Vata.

Passando para o Pitta dosha, encontramos indivíduos que são naturalmente motivados, concentrados e inteligentes. As pessoas com dominância Pitta têm frequentemente uma constituição média, pele quente e um forte apetite. São líderes naturais com mentes afiadas e um espírito competitivo. No entanto, quando em desequilíbrio, os tipos Pitta podem debater-se com raiva, irritabilidade e condições inflamatórias. A sua natureza ardente pode ser tanto uma força como um desafio, uma vez que alimenta a sua ambição, mas também pode levar ao esgotamento se não for corretamente gerida.

"As pessoas Pitta são como o fogo - têm o poder de transformar e iluminar, mas também podem arder se não forem cuidadosamente cuidadas." Esta analogia ilustra muito bem a natureza potente e potencialmente volátil da energia Pitta.

Por fim, voltamos a nossa atenção para o dosha Kapha. Os indivíduos com predominância de Kapha são tipicamente calmos, fundamentados e carinhosos. Têm frequentemente uma constituição robusta, pele macia e um nível de energia constante. Os tipos de Kapha são conhecidos pela sua estabilidade emocional, lealdade e resistência. No entanto, quando em desequilíbrio, podem debater-se com letargia, aumento de peso e resistência à mudança. A natureza estável de Kapha pode ser uma fonte de grande força, fornecendo uma base estável para os outros, mas também pode levar à estagnação se não for devidamente estimulada.

Os indivíduos Kapha desta forma: "As pessoas de Kapha são como a terra e a água - fornecem alimento e apoio a todos à sua volta, mas também podem tornar-se demasiado rígidas ou estagnadas se não forem encorajadas a fluir e a mudar." Esta comparação capta eficazmente as qualidades nutritivas mas potencialmente inertes da energia Kapha.

Compreender estas caraterísticas é o primeiro passo para identificar o seu dosha dominante. No entanto, é importante notar que a maioria das pessoas não é puramente um tipo de dosha, mas sim uma combinação, com um ou dois doshas mais proeminentes. Esta combinação única é o que torna a constituição de cada indivíduo verdadeiramente única.

Para determinar o seu dosha, a Ayurveda utiliza várias técnicas de autoavaliação. Estes métodos envolvem a observação das suas caraterísticas físicas, tendências mentais e padrões emocionais. Por exemplo, pode considerar a sua estrutura corporal, o tipo de pele, a textura do cabelo, os padrões de sono, as tendências digestivas e a forma como reage ao stress. Muitos praticantes de Ayurveda fornecem questionários pormenorizados para ajudar os indivíduos a identificar o seu dosha dominante.

"Compreender o seu dosha é como ter um roteiro para a sua saúde e bem-estar. Fornece informações valiosas sobre as suas tendências naturais e potenciais desequilíbrios, orientando-o para escolhas que apoiam a sua constituição única."

No entanto, é crucial abordar esta autoavaliação com honestidade e objetividade. Muitas vezes vemo-nos como gostaríamos de ser, em vez de nos vermos como realmente somos. Além disso, o nosso estado atual pode não refletir a nossa constituição natural se estivermos a sofrer desequilíbrios significativos. Por este motivo, muitas pessoas consideram útil consultar um médico ayurvédico experiente para uma avaliação mais exacta.

Depois de identificar o seu dosha dominante, ganha uma ferramenta poderosa para manter o equilíbrio e promover o bem-estar geral. Este conhecimento permite-lhe fazer escolhas informadas sobre a sua dieta, rotina de exercício, hábitos diários e até sobre a sua abordagem ao trabalho e às relações. Por exemplo, uma pessoa com predominância Vata pode beneficiar do estabelecimento de rotinas regulares e da incorporação de práticas de estabilização, como a meditação, para contrariar a sua tendência para a ansiedade e a energia dispersa. Uma pessoa com predominância Pitta pode concentrar-se em alimentos refrescantes e técnicas de redução do stress para gerir a sua natureza ardente. Um indivíduo com predominância Kapha pode dar prioridade ao exercício regular e a actividades estimulantes para evitar a estagnação e a letargia.

"Conhecer o seu dosha não significa limitar-se a um determinado 'tipo', mas sim compreender as suas tendências naturais e como trabalhar com elas para uma saúde e realização óptimas." Esta perspetiva enfatiza a natureza fortalecedora do conhecimento do dosha, vendo-o como uma ferramenta para a auto-compreensão e não como um rótulo restritivo.

É importante notar que, embora o seu dosha dominante permaneça relativamente estável ao longo da sua vida, o equilíbrio dos doshas dentro de si pode flutuar com base em vários factores, como a dieta, o estilo de vida, o stress e até mesmo a mudança das estações. É por isso que a Ayurveda enfatiza a importância da autoavaliação regular e do ajuste das suas práticas diárias para manter o equilíbrio.

Compreender o seu dosha também fornece informações valiosas sobre as suas relações com os outros. Ao reconhecer os doshas dominantes nas pessoas que o rodeiam, pode compreender melhor as suas necessidades, estilos de comunicação e potenciais áreas de conflito ou compatibilidade. Este conhecimento pode melhorar as suas relações pessoais e profissionais, promovendo uma maior empatia e uma comunicação eficaz.

Ao concluirmos esta exploração dos doshas e da constituição individual, vale a pena refletir sobre o profundo impacto que este conhecimento pode ter na sua vida. Ao compreender a sua constituição única, ganha um roteiro para navegar na sua saúde e bem-estar. Aprende a reconhecer os primeiros sinais de desequilíbrio e a tomar medidas proactivas para restaurar a harmonia. Esta auto-consciência torna-se uma ferramenta poderosa para o crescimento e transformação pessoal.

"A compreensão da Ayurveda da constituição individual através dos doshas é talvez a sua maior contribuição para o campo da saúde e da cura. Proporciona uma abordagem personalizada ao bem-estar que reconhece a natureza única de cada indivíduo."

À medida que avançamos na nossa viagem pela "Sabedoria Ayurvédica: Cura Antiga para a Vida Moderna", iremos explorar a forma como esta compreensão dos doshas informa vários aspectos da vida quotidiana, desde as nossas rotinas diárias até às nossas escolhas alimentares. No próximo capítulo, vamos aprofundar o conceito de relógio ayurvédico e como o alinhamento das nossas actividades com os ritmos da natureza pode melhorar ainda mais o nosso bem-estar. Esta exploração basear-se-á na nossa compreensão dos doshas, mostrando como estas energias naturais diminuem e fluem ao longo do dia e das estações, e como podemos harmonizar as nossas vidas com estes ciclos para uma saúde e vitalidade óptimas.

3. O Relógio Ayurvédico: Alinhar-se com os ritmos da natureza

Com base nos fundamentos estabelecidos nos capítulos anteriores, voltamos agora a nossa atenção para um dos aspectos mais fundamentais da prática ayurvédica: alinhar a nossa vida quotidiana com os ritmos da natureza. O conceito de relógio ayurvédico não é apenas um horário a seguir, mas uma compreensão profunda da forma como os nossos corpos e mentes interagem com o mundo que nos rodeia ao longo do dia e ao longo das mudanças de estação.

Na Ayurveda, acredita-se que diferentes doshas predominam em várias alturas do dia, do mês e do ano. Ao sincronizar as nossas actividades com estes ciclos naturais, podemos manter o equilíbrio, melhorar a nossa saúde e aumentar o nosso bem-estar geral. Este capítulo irá explorar os meandros do relógio ayurvédico, fornecendo orientações práticas sobre como estruturar as suas rotinas diárias e adaptar-se às mudanças sazonais para uma saúde óptima.

Comecemos por examinar o conceito de dincharya, ou rotina diária. De acordo com a sabedoria ayurvédica, os nossos dias devem ser estruturados de forma a harmonizarem-se com o fluxo e refluxo natural da energia que nos rodeia. As primeiras horas da manhã, das 2h às 6h, são dominadas pela energia Vata. Esta é considerada a altura ideal para práticas espirituais, meditação e exercício físico suave. Muitos praticantes de Ayurveda recomendam levantar-se antes do nascer do sol para tirar partido deste período sereno e contemplativo.

Quando o sol nasce e passamos para a hora do dia de Kapha, das 6h às 10h, o nosso corpo está preparado para a atividade física. Esta é uma altura excelente para exercícios mais vigorosos, uma vez que a energia Kapha proporciona resistência e resistência. No entanto, é importante não dormir até tarde neste período, uma vez que a qualidade pesada de Kapha pode levar à lentidão e dificuldade em começar o dia se permanecermos inactivos.

As horas do meio-dia, das 10 às 14 horas, são regidas pelo Pitta dosha. É nesta altura que o nosso fogo digestivo, ou agni, está no seu ponto mais forte. A Ayurveda recomenda comer a maior refeição do dia durante este período para tirar partido da maior capacidade do nosso corpo para processar e assimilar nutrientes. É também a altura ideal para trabalhos produtivos que exijam concentração e agudeza mental.

À medida que avançamos para a tarde, das 14h00 às 18h00, a energia Vata volta a ser dominante. Este período é adequado para actividades criativas, socialização e actividades físicas mais leves. Muitas pessoas experimentam uma queda durante a tarde durante este período, o que a Ayurveda atribui às qualidades móveis e erráticas de Vata. Para contrariar esta situação, tente envolver-se em actividades estimulantes mas não demasiado exigentes.

O início da noite, das 18h00 às 22h00, regista um regresso da energia Kapha. Esta é a altura ideal para começar a relaxar, fazer um jantar ligeiro e participar em actividades relaxantes que preparem o corpo e a mente para o sono. A Ayurveda desaconselha a ingestão de refeições pesadas ao fim da tarde, uma vez que o nosso fogo digestivo começa a diminuir durante este período.

Finalmente, as horas nocturnas, das 22h às 2h, são novamente dominadas por Pitta. Embora esta possa ser uma altura produtiva para os noctívagos, a Ayurveda recomenda geralmente que se durma durante estas horas para permitir que o corpo realize os seus processos regenerativos vitais. Se estiver acordado durante este período, é melhor dedicar-se a actividades calmantes do que a actividades estimulantes que possam perturbar ainda mais o seu ciclo de sono.

Compreender e alinhar-se com estes ritmos diários pode ter um impacto profundo na nossa saúde e bem-estar. "Quando se vive em harmonia com a natureza, nunca se sentirá que se está a usar a força de vontade para fazer algo. A sua força de vontade estará em sintonia com a vontade da natureza."

No entanto, é importante notar que estes horários não são regras rígidas, mas sim diretrizes flexíveis. A chave é observar os seus próprios ritmos naturais e ajustar-se em conformidade. Algumas pessoas podem achar que os seus ciclos pessoais variam ligeiramente do relógio tradicional ayurvédico, e isso é perfeitamente normal. O objetivo é encontrar um ritmo que funcione para si e apoie o seu equilíbrio e saúde gerais.

Agora, vamos voltar a nossa atenção para ritucharya, ou rotinas sazonais. Tal como os doshas flutuam ao longo do dia, também se alteram com a mudança das estações. Compreender estas variações sazonais pode ajudar-nos a adaptar o nosso estilo de vida para manter o equilíbrio ao longo do ano.

Na Ayurveda, o ano está dividido em seis estações, cada uma associada a diferentes doshas e que requerem ajustes específicos no estilo de vida. A estação do inverno, por exemplo, caracteriza-se por um aumento dos doshas Vata e Kapha. O tempo frio e seco pode agravar Vata, enquanto as qualidades húmidas e pesadas do inverno aumentam Kapha. Durante este período, a Ayurveda recomenda que se privilegiem alimentos quentes e nutritivos, massagens regulares com óleo para combater a secura e a manutenção de uma rotina de exercício consistente para contrariar a tendência para a letargia.

Com a transição para a primavera, o dosha Kapha torna-se mais proeminente. Esta é frequentemente uma altura de congestão e lentidão, uma vez que o Kapha acumulado durante o inverno começa a "derreter". As práticas ayurvédicas para a primavera incluem a ingestão de alimentos mais leves e secos, a prática de exercício físico mais vigoroso e a incorporação de ervas e práticas desintoxicantes para ajudar a eliminar as acumulações do inverno.

O verão traz um aumento do Pitta dosha. O calor e a intensidade desta estação podem provocar irritabilidade, inflamação e problemas digestivos se não forem corretamente geridos. As recomendações ayurvédicas para o verão incluem comer alimentos refrescantes, manter-se hidratado e evitar a exposição excessiva ao sol durante as horas mais quentes do dia.

O final do verão ou o início do outono é considerado uma estação de transição na Ayurveda, com uma mistura de influências Pitta e Vata. Esta é uma altura para passar suavemente das práticas refrescantes do verão para as rotinas mais enraizadas do outono.

À medida que entramos no outono, o dosha Vata torna-se predominante. A natureza seca, fresca e mutável desta estação pode provocar ansiedade, obstipação e pele seca se Vata ficar desequilibrado. As práticas ayurvédicas de outono incluem a ingestão de alimentos quentes e energéticos, a manutenção de rotinas regulares e a prática de actividades calmantes como a meditação e o ioga suave.

Ao adaptarmos as nossas rotinas a estas mudanças sazonais, podemos evitar desequilíbrios dosha e manter uma saúde óptima ao longo do ano. Como explica David Frawley, um conhecido estudioso védico, "As estações espelham as fases das nossas vidas e reflectem ritmos cósmicos aos quais não podemos escapar, mas com os quais temos de aprender a fluir".

O equilíbrio entre os ciclos de trabalho e de descanso é outro aspeto crucial do alinhamento com os ritmos da natureza. No nosso mundo moderno e acelerado, é fácil cair em padrões de excesso de trabalho e de descanso insuficiente. No entanto, a Ayurveda ensina que os períodos regulares de descanso e renovação são essenciais para manter a saúde e evitar o esgotamento.

O conceito de descanso na Ayurveda vai para além de simplesmente dormir o suficiente (embora isso seja certamente importante). Também inclui fazer pausas regulares ao longo do dia, praticar técnicas de relaxamento e reservar tempo para passatempos e actividades que rejuvenesçam a mente e o espírito.

Uma das técnicas ayurvédicas para equilibrar o trabalho e o descanso é a prática de "pratyahara", ou retirada sensorial. Trata-se de desligar periodicamente dos estímulos externos - como os aparelhos electrónicos, o ruído e os ambientes agitados - para permitir que a mente e os sentidos descansem e recarreguem. Mesmo períodos curtos de pratyahara, praticados regularmente, podem ajudar a restaurar o equilíbrio e a evitar a sobre-estimulação.

Outro aspeto importante do equilíbrio entre trabalho e descanso é reconhecer e honrar os nossos ciclos naturais de energia. Algumas pessoas são naturalmente mais produtivas de manhã, enquanto outras atingem o seu pico de energia ao fim do dia. Ao identificar as suas horas de pico de energia e estruturar o seu trabalho em conformidade, pode maximizar a produtividade e, ao mesmo tempo, garantir tempo suficiente para descansar e rejuvenescer.

A Ayurveda também enfatiza a importância de tirar férias ou retiros regulares para sair das nossas rotinas habituais e permitir um descanso e uma renovação mais profundos. Não têm de ser necessariamente viagens longas ou dispendiosas; mesmo um fim de semana passado na natureza ou um dia dedicado aos cuidados pessoais podem trazer benefícios significativos.

Ao concluirmos esta exploração do relógio ayurvédico, é importante lembrar que o objetivo não é a perfeição, mas o progresso. A implementação destes princípios na sua vida é uma viagem, não um destino. Comece com pequenas mudanças, observe como elas o afectam e incorpore gradualmente mais práticas ayurvédicas à medida que se sentir confortável com elas.

Ao alinharmos as nossas vidas mais de perto com os ritmos da natureza, podemos aceder a uma fonte profunda de equilíbrio e bem-estar. À medida que avançamos na nossa exploração da Ayurveda, basear-nos-emos nestes princípios fundamentais, aprofundando práticas e técnicas específicas para cada dosha. No próximo capítulo, vamos explorar um dos aspectos mais fundamentais da saúde ayurvédica: a nutrição. Descobriremos como os alimentos que ingerimos podem ser uma ferramenta poderosa para equilibrar os nossos doshas e apoiar a saúde e a vitalidade em geral.

4. Nutrição Ayurvédica: Comer para o seu Dosha

À medida que passamos da compreensão da nossa constituição única e do alinhamento com os ritmos da natureza, mergulhamos agora num dos aspectos mais cruciais da prática ayurvédica: a nutrição. Os alimentos que consumimos desempenham um papel fundamental na manutenção da nossa saúde, no equilíbrio dos nossos doshas e, em última análise, na determinação do nosso bem-estar geral. A Ayurveda reconhece que não existe uma abordagem única para a nutrição, e o que nutre uma pessoa pode desequilibrar outra. Este capítulo irá explorar a intrincada relação entre os alimentos e os doshas, fornecendo-lhe o conhecimento para fazer escolhas alimentares informadas que apoiem a sua constituição única.

No coração da nutrição ayurvédica está o conceito dos seis sabores, ou "Shad Rasa". Estes sabores - doce, azedo, salgado, picante, amargo e adstringente - não são apenas sabores para agradar ao nosso paladar, mas são considerados como tendo efeitos profundos na nossa fisiologia e psicologia. Cada sabor corresponde a certos elementos e tem efeitos específicos sobre os doshas. Compreender estes sabores e os seus impactos é crucial para criar uma dieta equilibrada que apoie o seu dosha dominante.

O sabor doce, associado aos elementos terra e água, é nutritivo e edificante. Encontra-se em alimentos como cereais, lacticínios, frutos doces e vegetais de raiz. Embora o sabor doce possa ser enraizante para os tipos Vata, deve ser consumido com moderação pelos tipos Kapha, que tendem para o peso e a lentidão. Os tipos Pitta podem geralmente apreciar sabores doces para equilibrar a sua natureza ardente. No entanto, é importante notar que a Ayurveda se refere à doçura natural dos alimentos integrais, e não aos açúcares refinados predominantes nas dietas modernas.

O sabor ácido, ligado aos elementos terra e fogo, aquece e estimula a digestão. Os alimentos com sabor azedo incluem citrinos, iogurte e alimentos fermentados. Este sabor pode ser benéfico para os tipos Vata, mas deve ser limitado para os tipos Pitta, uma vez que pode aumentar a acidez. Os tipos Kapha podem apreciar sabores azedos com moderação para estimular a sua digestão tipicamente lenta.

O sabor salgado, composto pelos elementos água e fogo, aquece e humedece. Embora seja essencial em pequenas quantidades para todos os tipos, o excesso de sal pode agravar os doshas Pitta e Kapha. Os tipos Vata, no entanto, podem beneficiar de um pouco mais de sal para contrariar a sua natureza seca.

O sabor picante, associado aos elementos fogo e ar, aquece e seca. Encontrado em alimentos picantes, alho e gengibre, este sabor pode ser benéfico para os tipos Kapha para estimular o seu metabolismo. No entanto, os tipos Pitta devem consumir sabores pungentes com moderação, enquanto os tipos Vata podem apreciá-los com moderação.

O sabor amargo, ligado aos elementos ar e éter, é refrescante e secante. Encontrado nas folhas verdes, na curcuma e no café, o sabor amargo pode ser benéfico para os tipos Pitta e Kapha, mas deve ser limitado para os tipos Vata que tendem para a secura e a frescura.

Por último, o sabor adstringente, associado aos elementos ar e terra, é seco e refrescante. Encontrado nas leguminosas, nas romãs e em certas ervas, este sabor pode ser benéfico para os tipos Pitta e Kapha, mas deve ser consumido com moderação pelos tipos Vata.

A compreensão destes sabores e dos seus efeitos permite-nos criar refeições que equilibram o nosso dosha dominante. Por exemplo, um indivíduo com dominância Vata pode concentrar-se em alimentos quentes, húmidos e aterrados com sabores doces, azedos e salgados, evitando o excesso de sabores amargos, adstringentes e pungentes que podem aumentar a secura e a frieza.

Agora, vamos explorar as diretrizes alimentares específicas para cada dosha. Para os tipos de Vata, que tendem para a frieza, secura e irregularidade, o foco deve ser em alimentos quentes, húmidos e de base. Grãos cozinhados como o arroz e a quinoa, vegetais de raiz e sopas quentes são excelentes escolhas. As gorduras saudáveis de fontes como ghee, óleo de coco e abacate ajudam a combater a natureza seca de Vata. Especiarias quentes como o gengibre, a canela e os cominhos podem ser usadas livremente para ajudar a digestão e proporcionar calor.

"As pessoas de Vata devem comer a horas regulares todos os dias e não saltar refeições. A sua dieta deve ser untuosa ou oleosa para contrariar a secura de Vata." Este conselho sublinha a necessidade de os tipos Vata estabelecerem padrões alimentares consistentes e incluírem gorduras saudáveis suficientes na sua dieta.

Os tipos Pitta, caracterizados pelo calor e pela intensidade, beneficiam de alimentos refrescantes e calmantes. Os legumes frescos, especialmente os que têm um elevado teor de água, como os pepinos e as curgetes, são excelentes escolhas. Os frutos doces, exceto os demasiado azedos, podem ajudar a equilibrar a natureza ardente de Pitta. Os cereais como a cevada e o trigo são preferíveis aos cereais de aquecimento como o milho ou o painço. Os tipos Pitta devem limitar a ingestão de alimentos picantes, azedos e salgados, que podem exacerbar o seu calor.

"Os tipos Pitta devem preferir alimentos com sabores doces, amargos e adstringentes, uma vez que estes sabores ajudam a arrefecer e a acalmar o Pitta dosha ardente." Esta orientação realça a importância da seleção de sabores para equilibrar o calor inerente a Pitta.

Para os tipos Kapha, que tendem para o peso, a lentidão e a congestão, a dieta deve ser leve, quente e estimulante. Os alimentos quentes e condimentados podem ajudar a estimular o metabolismo tipicamente lento de Kapha. Os cereais mais leves, como a cevada e o painço, são preferíveis aos mais pesados, como a aveia. Os tipos de Kapha beneficiam de muitos vegetais, particularmente aqueles com sabores amargos e adstringentes. Devem limitar a ingestão de sabores doces, azedos e salgados, bem como de alimentos pesados como os lacticínios e o excesso de gorduras.

"Os tipos de Kapha devem concentrar-se em comer alimentos mais leves e secos e incorporar mais sabores pungentes, amargos e adstringentes na sua dieta. Isto ajuda a contrariar a tendência de Kapha para o peso e a congestão". Esta recomendação sublinha a importância de utilizar os alimentos para equilibrar as qualidades inerentes a Kapha.

É importante notar que, embora estas diretrizes sejam úteis, não são regras rígidas. A Ayurveda reconhece que cada pessoa é única, e o que funciona para um indivíduo pode não funcionar para outro, mesmo que partilhem o mesmo dosha dominante. Para além disso, a maioria das pessoas é uma combinação de doshas, com um ou dois a serem mais proeminentes. Por isso, é essencial ouvir o seu corpo e observar como os diferentes alimentos o afectam.

Para além de considerar as qualidades e os sabores dos alimentos, a Ayurveda dá grande ênfase à forma como comemos. As práticas alimentares conscientes são consideradas tão importantes como o que comemos. A Ayurveda recomenda comer num ambiente calmo e tranquilo, sem distracções como a televisão ou o trabalho. Mastigar bem os alimentos e comer a um ritmo moderado permite uma melhor digestão e absorção dos nutrientes.

A Ayurveda também desaconselha comer quando se está emocionalmente perturbado ou sem fome, pois isso pode levar a uma má digestão e à formação de ama, ou toxinas. Em vez disso, encoraja o desenvolvimento de uma relação positiva com a comida, encarando-a como um alimento para o corpo e para a mente.

O conceito de agni, ou fogo digestivo, é fundamental para a nutrição ayurvédica. Um agni forte é considerado crucial para uma boa saúde, pois permite uma digestão e assimilação corretas dos nutrientes. A Ayurveda propõe várias práticas para reforçar o agni, tais como beber água morna ao longo do dia, comer uma fatia de gengibre com uma pitada de sal antes das refeições e evitar bebidas geladas, que podem atenuar o fogo digestivo.

Ao concluirmos a nossa exploração da nutrição ayurvédica, torna-se claro que este sistema antigo oferece uma abordagem sofisticada e personalizada à alimentação. Ao compreender a nossa constituição única e as qualidades dos diferentes alimentos, podemos fazer escolhas que não só nutrem o nosso corpo, mas também equilibram os nossos doshas e apoiam o nosso bem-estar geral.

No próximo capítulo, basear-nos-emos neste conhecimento e aprofundaremos a aplicação prática dos princípios da nutrição ayurvédica. Iremos explorar uma variedade de receitas nutritivas adaptadas a cada dosha, fornecendo-lhe as ferramentas para trazer a sabedoria ayurvédica para a sua cozinha e para o seu prato. À medida que entramos no aspeto culinário da Ayurveda, lembre-se de que os alimentos não são apenas combustível, mas também medicamentos - uma ferramenta poderosa para manter o equilíbrio, prevenir doenças e promover a vitalidade.

5. A Arte da Cozinha Ayurvédica: Receitas nutritivas para cada Dosha

Depois de termos explorado os princípios da nutrição ayurvédica no capítulo anterior, voltamos agora a nossa atenção para a aplicação prática destes conceitos na cozinha. A cozinha ayurvédica não é apenas uma questão de nutrir o corpo; é uma forma de arte que combina a sabedoria antiga com técnicas culinárias modernas para criar refeições que equilibram e curam. Neste capítulo, vamos mergulhar no mundo das receitas ayurvédicas, fornecendo-lhe um repertório de pratos adaptados a cada dosha.

A cozinha ayurvédica baseia-se no princípio de que os alimentos são medicamentos. Como afirma o antigo texto ayurvédico Charaka Samhita, "Quando a dieta é incorrecta, a medicina é inútil. Quando a dieta é correta, a medicina não é necessária". Esta filosofia sublinha a importância de preparar refeições que não só satisfaçam as nossas papilas gustativas, como também se harmonizem com as nossas constituições individuais.

Antes de nos debruçarmos sobre receitas específicas, é crucial compreender alguns princípios fundamentais da cozinha ayurvédica. O primeiro e mais importante é o conceito de alimento sattvic. Os alimentos sáttvicos são puros, leves e fáceis de digerir. Promovem a clareza da mente e o equilíbrio do corpo. Os exemplos incluem frutas e vegetais frescos, cereais integrais, legumes e frutos secos. A Ayurveda incentiva a utilização de ingredientes sáttvicos sempre que possível, uma vez que contribuem para a saúde e o bem-estar geral.

Outro aspeto fundamental da cozinha ayurvédica é a utilização de especiarias. As especiarias não são apenas intensificadores de sabor; são poderosas ferramentas medicinais. Cada especiaria tem propriedades únicas que podem ajudar a equilibrar diferentes doshas. Por exemplo, o cominho é excelente para estimular a digestão e é particularmente benéfico para os tipos Vata. A cúrcuma, com as suas propriedades anti-inflamatórias, equilibra todos os doshas, mas é especialmente boa para Pitta. O gengibre, com as suas qualidades de aquecimento, pode ajudar a estimular a digestão lenta de Kapha.

Ao preparar refeições ayurvédicas, é também importante considerar o método de cozedura. Diferentes métodos de cozedura podem afetar as qualidades dos alimentos e o seu impacto nos doshas. Por exemplo, os tipos de Vata beneficiam geralmente de métodos de cozedura quentes e húmidos, como cozer a vapor ou estufar, que ajudam a contrariar a natureza fria e seca de Vata. Os tipos Pitta, por outro lado, podem preferir métodos de preparação mais frios, como cozer a vapor ou saltear ligeiramente, evitando o calor excessivo que poderia agravar a sua natureza ardente. Os tipos Kapha beneficiam frequentemente de métodos de cozedura mais secos, como assar ou grelhar, que ajudam a equilibrar as qualidades pesadas e húmidas de Kapha.

Agora, vamos explorar algumas receitas nutritivas para cada dosha, começando pelas receitas que equilibram Vata. Os tipos de Vata, caracterizados pela sua natureza arejada e móvel, beneficiam de alimentos quentes e de base, ligeiramente oleosos e bem condimentados. Uma refeição perfeita para equilibrar Vata pode ser uma sopa de vegetais saudável. Aqui está uma receita para uma nutritiva sopa de batata doce e cenoura:

Ingredientes:

2 colheres de sopa de ghee

1 cebola picada

2 dentes de alho picados

1 polegada de gengibre ralado

1 colher de chá de sementes

de cominhos

1 batata-doce grande, descascada e cortada em cubos

2 cenouras picadas

4 chávenas de caldo de legumes

1/2 chávena de leite de coco

Sal a gosto

Pimenta preta moída na hora

Instruções:

Aqueça o ghee numa panela grande em lume médio. Adicione as sementes de cominhos e deixe-as chiar durante um minuto.

Adicione a cebola, o alho e o gengibre. Saltear até a cebola ficar translúcida.

Adicione a batata-doce e as cenouras. Mexa para cobrir com as especiarias.

Deite o caldo de legumes e deixe ferver. Reduza o lume e deixe cozinhar em lume brando durante 20-25 minutos até os legumes estarem tenros.

Utilize um misturador de imersão para bater a sopa até ficar homogénea.

Junte o leite de coco e tempere com sal e pimenta.

Sirva quente, guarnecido com um fio de leite de coco e uma pitada de sementes de cominho.

Esta sopa é perfeita para os tipos de Vata, uma vez que combina as qualidades de ligação à terra dos vegetais de raiz com especiarias quentes e gorduras nutritivas do ghee e do leite de coco. A textura suave e cremosa é também calmante para a digestão por vezes delicada de Vata.

Passando às receitas que equilibram Pitta, concentramo-nos nos sabores refrescantes, doces e amargos que ajudam a temperar a natureza ardente de Pitta. Uma refeição refrescante e equilibrada para os tipos Pitta poderia ser uma Raita de pepino e menta com Quinoa Pilaf. Comecemos pela receita de raita:

Ingredientes:

2 chávenas de iogurte natural

1 pepino grande, ralado e espremido o excesso de água

1/4 chávena de folhas de hortelã fresca, finamente picadas

1/2 colher de chá de cominhos torrados em pó

Sal a gosto

Instruções:

Numa tigela, bata o iogurte até ficar homogéneo.

Adicione o pepino ralado, a hortelã picada, os cominhos em pó e o sal.

Misture bem e leve ao frigorífico durante pelo menos uma hora antes de servir.

Esta raita é refrescante e calmante para o fogo digestivo de Pitta. O iogurte fornece probióticos para a saúde intestinal, enquanto o pepino e a hortelã oferecem um contraste refrescante com os alimentos picantes.

Para o Pilaf de Quinoa:

Ingredientes:

1 chávena de quinoa, lavada

2 chávenas de água

1 colher de sopa de ghee

1/2 colher de chá de sementes de funcho

1/4 de chávena de amêndoas, cortadas

1/4 de chávena de passas

Sal a gosto

Coentros frescos para guarnecer

Instruções:

Lave bem a quinoa e escorra-a.

Numa panela média, leve a água a ferver. Adicione a quinoa, reduza o lume, tape e deixe cozinhar em lume brando durante cerca de 15 minutos até a água ser absorvida.

Numa panela separada, aqueça o ghee em lume médio. Adicione as sementes de funcho e deixe-as chiar durante um minuto.

Adicione as amêndoas e as passas. Saltear até as amêndoas ficarem douradas e as passas ficarem mais gordas.

Esmague a quinoa cozida com um garfo e adicione-a à frigideira com as amêndoas e as passas.

Mexa suavemente para combinar. Tempere com sal.

Decore com coentros frescos antes de servir.

Este pilaf é leve e fácil de digerir, o que o torna ideal para os tipos Pitta. A combinação de quinoa, nozes e frutos secos proporciona um equilíbrio de proteínas, gorduras saudáveis e doçura natural.

Por último, vamos explorar algumas receitas de equilíbrio de Kapha. Os tipos de Kapha beneficiam de alimentos leves, quentes e estimulantes que ajudam a contrariar a sua tendência para o peso e a lentidão. Uma refeição perfeita para equilibrar Kapha pode ser uma sopa de lentilhas picantes, ou Dal, acompanhada de uma pequena porção de arroz basmati. Aqui está uma receita de Mung Dal picante:

Ingredientes:

1 chávena de feijão

mungo rachado (moong dal)

4 chávenas de água

1 colher de sopa de ghee

1

colher de

chá

de sementes

de mostarda

1

colher de chá de sementes de cominhos

1 cebola, finamente picada

2 dentes de alho, picados

1 polegada de gengibre, ralado

1 tomate, picado

1 colher de chá de curcuma em pó

1 colher de chá de coentros em pó

1/2 colher de chá de pimenta de caiena (ajustar a gosto)

Sal a gosto

Sumo de limão fresco

Coentros frescos para guarnecer

Instruções:

Lave o feijão mungo e deixe-o de molho durante 30 minutos. Escorra.

Numa panela grande, misture o feijão mungo e a água. Deixe ferver, reduza o lume e cozinhe em lume brando durante cerca de 20-25 minutos, até o feijão ficar macio.

Numa panela separada, aqueça o ghee em lume médio. Adicione as sementes de mostarda e de cominhos. Deixe-as chiar durante um minuto.

Adicione a cebola, o alho e o gengibre. Saltear até a cebola ficar translúcida.

Adicione o tomate e as especiarias. Cozinhe até os tomates se desfazerem e formarem uma pasta.

Adicione esta mistura de especiarias ao dal cozinhado. Cozinhe em lume brando durante mais 5-10 minutos.

Tempere com sal e um pouco de sumo de limão fresco.

Decore com coentros antes de servir.

Este dal é perfeito para os tipos Kapha, uma vez que é leve, quente e cheio de especiarias estimulantes que ajudam a digestão e o metabolismo. O feijão mungo fornece proteínas sem ser demasiado pesado, e as especiarias ajudam a acender o fogo digestivo.

Ao concluirmos este capítulo sobre a cozinha ayurvédica, é importante lembrar que estas receitas são apenas pontos de partida. A verdadeira arte da cozinha ayurvédica consiste em compreender os princípios e depois adaptá-los às suas necessidades e preferências únicas. À medida que se familiariza com os sabores e as qualidades que equilibram o seu dosha, começará naturalmente a criar os seus próprios pratos de inspiração ayurvédica.

Lembre-se, a cozinha ayurvédica não tem a ver com regras rígidas ou privações. Trata-se de cultivar uma relação amorosa e consciente com os alimentos e de os utilizar como uma ferramenta para a saúde e o equilíbrio. Ao explorar estas receitas e criar as suas próprias, preste atenção à forma como os diferentes alimentos o fazem sentir. Esta consciência é a chave para uma nutrição verdadeiramente personalizada e curativa.

No nosso próximo capítulo, vamos explorar outro aspeto poderoso da cura ayurvédica: as ervas e as especiarias. Iremos mergulhar no armário de medicamentos da natureza e aprender a aproveitar as potentes propriedades curativas das ervas comuns e exóticas para apoiar a nossa saúde e equilibrar os nossos doshas. Assim, enquanto saboreia as suas refeições ayurvédicas, prepare-se para apimentar a sua vida de várias formas!

6. Ervas e especiarias ayurvédicas: O armário de remédios da natureza

Ao passarmos do mundo nutritivo da cozinha ayurvédica, mergulhamos agora no potente reino das ervas e especiarias ayurvédicas. Estas potências naturais têm sido veneradas há milénios na medicina tradicional indiana, oferecendo uma vasta gama de benefícios para a saúde que a ciência moderna só agora começa a compreender plenamente. Neste capítulo, vamos explorar a rica tapeçaria de ervas e especiarias ayurvédicas, os seus efeitos profundos no corpo e na mente, e como incorporá-las na sua vida diária para uma saúde e bem-estar óptimos.

A Ayurveda, a antiga ciência da vida, há muito que reconhece as propriedades medicinais das plantas. De facto, a utilização de ervas e especiarias é tão importante para a prática ayurvédica que é frequentemente referida como a "mãe de todas as curas". Isto não é um exagero quando consideramos a grande diversidade e potência da farmacopeia da natureza. Desde as especiarias comuns de cozinha, como a curcuma e o gengibre, até às ervas mais exóticas, como a ashwagandha e a brahmi, as ervas e especiarias ayurvédicas oferecem uma abordagem holística à saúde que trata não só dos sintomas físicos, mas também do bem-estar mental e espiritual.

Uma das ervas mais fundamentais da Ayurveda é a curcuma, conhecida em sânscrito como "haridra". Esta especiaria dourada é utilizada há milhares de anos na Índia, quer como ingrediente culinário quer como erva medicinal. A investigação moderna começou a validar o que os praticantes de Ayurveda já sabiam há muito tempo:

a curcuma possui poderosas propriedades anti-inflamatórias e antioxidantes. O composto ativo da curcuma, a curcumina, demonstrou ter potenciais benefícios no tratamento de uma vasta gama de doenças, desde a artrite à depressão. "Se eu tivesse apenas uma única erva para depender de todas as possíveis necessidades de saúde e dietéticas, escolheria a curcuma."

Outra pedra angular do herbalismo ayurvédico é o gengibre, ou "adrak" em hindi. Esta raiz pungente é venerada pela sua capacidade de estimular a digestão, reduzir a inflamação e aliviar as náuseas. Na Ayurveda, uma digestão forte é considerada a base da boa saúde, e o gengibre desempenha um papel crucial na manutenção deste "agni" ou fogo digestivo. Para além dos seus benefícios digestivos, o gengibre demonstrou ter potencial para gerir a dor, particularmente as cólicas menstruais e a osteoartrite. A sua natureza quente torna-o especialmente benéfico para quem tem desequilíbrios de Vata, ajudando a contrariar as qualidades frias e secas associadas ao excesso de Vata.

Para além das especiarias comuns de cozinha, encontramos ervas como a ashwagandha, que ganhou uma popularidade significativa nos últimos anos. Conhecida como a "força do garanhão", a ashwagandha é uma erva adaptogénica que ajuda o corpo a gerir o stress de forma mais eficaz. Tem sido utilizada na Ayurveda há séculos para promover a longevidade, aumentar a vitalidade e melhorar o bem-estar geral. Estudos modernos mostraram resultados promissores na capacidade do ashwagandha de reduzir os níveis de cortisol, melhorar a qualidade do sono e até mesmo melhorar a função cognitiva.

"Ashwagandha é uma das ervas mais poderosas na cura Ayurvédica. Actua como um poderoso adaptogénio, aumentando a resistência do corpo ao stress."

Outra erva ayurvédica poderosa é a brahmi, também conhecida como Bacopa monnieri. Esta erva tem sido usada tradicionalmente para melhorar a memória, melhorar a função cognitiva e reduzir a ansiedade. Estudos científicos recentes apoiaram estas utilizações tradicionais, mostrando que a brahmi pode, de facto, ter propriedades neuroprotectoras e ser potencialmente benéfica em condições como a doença de Alzheimer. O antigo texto ayurvédico, Charaka Samhita, descreve a brahmi como "medhya rasayana", ou uma erva rejuvenescedora da mente, destacando a sua importância na manutenção da clareza mental e da saúde cognitiva.

Embora as ervas e especiarias individuais tenham os seus benefícios específicos, é importante compreender que, na Ayurveda, estes remédios naturais são frequentemente utilizados em combinação para criar efeitos sinérgicos. Por exemplo, a mistura tradicional de ervas conhecida como "triphala" combina três frutos - amalaki, bibhitaki e haritaki - para criar uma poderosa fórmula desintoxicante e rejuvenescedora. Esta abordagem holística ao herbalismo reflecte a filosofia ayurvédica mais ampla de tratar a pessoa no seu todo e não sintomas isolados.

Incorporar ervas e especiarias ayurvédicas na vida quotidiana não tem de ser complicado. Muitas destas plantas curativas podem ser facilmente integradas na sua dieta através da culinária. Por exemplo, adicionar curcuma ao seu batido matinal, polvilhar canela nas suas papas de aveia ou preparar uma chávena de chá de gengibre são formas simples de aproveitar o poder destas ervas. No entanto, é importante notar que, embora muitas ervas ayurvédicas sejam seguras para uso geral, algumas podem ser potentes e podem interagir com medicamentos ou ter contra-indicações para determinadas condições de saúde. Por conseguinte, é sempre aconselhável consultar um médico ayurvédico qualificado ou um prestador de cuidados de saúde antes de iniciar qualquer novo regime de ervas, especialmente se tiver problemas de saúde pré-existentes ou se estiver a tomar medicamentos. Para aqueles que procuram aprofundar o mundo das ervas ayurvédicas, criar os seus próprios remédios à base de ervas em casa pode ser uma experiência gratificante e fortalecedora. Uma preparação simples é um ghee de ervas, que combina as propriedades nutritivas da manteiga clarificada com os benefícios medicinais das ervas. Para fazer um ghee de curcuma básico, aqueça suavemente 1 chávena de ghee numa panela, adicione 2 colheres de sopa de curcuma em pó e deixe ferver em lume brando durante cerca de 5 minutos. Coe a mistura através de um coador de malha fina ou de um pano de algodão e guarde-a num frasco de vidro. Este ghee de cor dourada pode ser utilizado na culinária ou para barrar, proporcionando uma forma deliciosa de incorporar as propriedades curativas da curcuma na sua dieta.

Outra preparação ayurvédica fácil de fazer é um chá de ervas ou "kashaya". Um kashaya simples mas eficaz para apoiar a digestão pode ser feito fervendo 1 colher de chá de sementes de cominho, sementes de coentros e sementes de funcho em 2 chávenas de água durante cerca de 10 minutos. Coe e beba este chá após as refeições para ajudar a digestão e reduzir o inchaço. Esta mistura, conhecida como "chá CCF" nos círculos ayurvédicos, é particularmente benéfica para equilibrar o Pitta dosha.

Para os interessados na aplicação tópica de ervas, criar o seu próprio óleo de ervas é uma forma maravilhosa de aproveitar o poder curativo das plantas. Uma preparação ayurvédica clássica é o óleo de brahmi, conhecido pelos seus efeitos refrescantes e calmantes para a mente e o sistema nervoso. Para fazer óleo de brahmi em casa, aqueça suavemente 1 chávena de óleo de coco ou óleo de sésamo em banho-maria. Adicione 1/4 de chávena de folhas secas de brahmi e deixe ferver em lume brando durante cerca de 2 horas. Coe o óleo e guarde-o num frasco de vidro escuro. Este óleo pode ser usado em massagens no couro cabeludo para promover o crescimento do cabelo e reduzir o stress, ou como um óleo corporal para acalmar o sistema nervoso.

Embora estas preparações caseiras possam ser uma óptima maneira de incorporar as ervas ayurvédicas na sua vida, é importante abordar o herbalismo com respeito e cautela. A Ayurveda ensina que cada substância pode ser um medicamento ou um veneno, dependendo da forma como é utilizada. O texto antigo Charaka Samhita afirma: "Todas as substâncias do universo têm o potencial de ser um medicamento se forem utilizadas corretamente." Esta sabedoria sublinha a importância de um conhecimento e orientação adequados quando se trabalha com ervas.

Ao explorarmos o vasto mundo das ervas e especiarias ayurvédicas, é crucial lembrar que estes remédios naturais não se destinam a substituir os tratamentos médicos modernos, mas sim a complementá-los como parte de uma abordagem holística da saúde. O verdadeiro poder do herbalismo ayurvédico reside na sua capacidade de apoiar o bem-estar geral, prevenir desequilíbrios e empurrar suavemente o corpo para o seu estado natural de saúde.

Em conclusão, as ervas e especiarias ayurvédicas oferecem um conjunto de ferramentas rico e diversificado para manter a saúde e tratar os desequilíbrios. Desde as especiarias comuns de cozinha, que podem ser facilmente incorporadas nas refeições diárias, até às ervas mais especializadas, que podem exigir a orientação de um médico ayurvédico, este antigo sistema de herbalismo oferece uma grande variedade de soluções naturais para os desafios de saúde modernos. À medida que continuamos a navegar pelas complexidades da vida moderna, a sabedoria intemporal do herbalismo ayurvédico oferece um caminho para nos reconectarmos com o poder curativo da natureza e cultivarmos uma saúde e vitalidade duradouras.

À medida que avançamos na nossa exploração da Ayurveda, iremos em seguida aprofundar a prática do ioga e a forma como esta pode ser adaptada para equilibrar cada dosha. A sinergia entre as ervas ayurvédicas e as práticas de ioga cria uma estrutura poderosa para a saúde holística, abordando tanto os aspectos físicos como energéticos do nosso ser. Passemos agora ao capítulo seguinte, onde descobriremos como asanas específicas e técnicas de pranayama podem ser utilizadas para harmonizar as nossas constituições únicas e promover o bem-estar geral.

7. Yoga para o seu Dosha: Equilíbrio de Asanas e Pranayama

Ao fazermos a transição da exploração das ervas e especiarias ayurvédicas, voltamos agora a nossa atenção para a poderosa prática do ioga e a sua ligação íntima com os princípios ayurvédicos. O ioga, tal como a Ayurveda, é um sistema antigo que teve origem na Índia e que ganhou reconhecimento mundial pela sua capacidade de promover o bem-estar físico, mental e espiritual. Neste capítulo, vamos aprofundar a sinergia entre o ioga e a Ayurveda, explorando a forma como asanas (posturas) e pranayama (técnicas de respiração) específicas podem ser adaptadas para equilibrar cada dosha.

O casamento entre o yoga e a Ayurveda é natural, uma vez que ambos os sistemas partilham o objetivo comum de trazer harmonia ao corpo, à mente e ao espírito. A Ayurveda reconhece que cada indivíduo tem uma constituição única, ou prakriti, composta por proporções variáveis dos três doshas: Vata, Pitta e Kapha. Da mesma forma, o yoga reconhece que indivíduos diferentes podem beneficiar de diferentes abordagens à prática. Ao compreender os princípios de ambos os sistemas, podemos criar uma prática de ioga personalizada que não só melhora a saúde geral, mas também responde às necessidades específicas do nosso dosha dominante.

Os princípios do Yoga na Ayurveda estão profundamente enraizados no entendimento de que o nosso corpo físico é um microcosmo do universo. Tal como os elementos terra, água, fogo, ar e éter se combinam para criar o mundo à nossa volta, também se manifestam no nosso corpo como os três doshas. O yoga ayurvédico procura equilibrar estes elementos através de movimentos conscientes, trabalho de respiração e meditação. O antigo sábio Patanjali, muitas vezes referido como o pai do ioga, enfatizou a importância do equilíbrio nos seus Yoga Sutras, afirmando: "Sthira sukham asanam" - a postura deve ser estável e confortável. Este conceito alinha-se perfeitamente com o princípio ayurvédico de encontrar o equilíbrio dentro de si próprio.

Ao praticar ioga de uma perspetiva ayurvédica, é essencial ter em conta não só o seu dosha dominante, mas também o estado atual de equilíbrio ou desequilíbrio no seu corpo. Por exemplo, uma pessoa com uma constituição Vata pode geralmente beneficiar de práticas de base e de ritmo lento. No entanto, se estiver a sofrer um desequilíbrio Pitta devido ao stress ou a factores ambientais, poderá necessitar temporariamente de uma prática mais refrescante e calmante. Esta flexibilidade na abordagem permite uma prática de ioga verdadeiramente holística e reactiva que se adapta às suas necessidades em constante mudança.

Vamos começar por explorar práticas de ioga específicas para cada dosha, começando por Vata. Os indivíduos com um dosha Vata predominante caracterizam-se por qualidades como leveza, secura e frescura. Tendem a ser criativos e a pensar rapidamente, mas também podem ser propensos à ansiedade e à inquietação. Para equilibrar Vata, uma prática de ioga deve centrar-se na ligação à terra, na estabilidade e no calor. Os movimentos lentos e deliberados e as posturas de longa duração ajudam a acalmar a mente hiperactiva de Vata e trazem uma sensação de enraizamento ao corpo.

Um asana particularmente benéfico para os tipos de Vata é Tadasana, ou Pose da Montanha. Esta postura de pé, aparentemente simples, incentiva uma forte ligação com a terra e promove a estabilidade física e mental. Para praticar Tadasana, coloque-se de pé com os pés afastados à largura das ancas, distribua o seu peso uniformemente e imagine raízes a crescer a partir das solas dos seus pés até à terra. Contraia ligeiramente os músculos das pernas, aproxime o umbigo da coluna vertebral e eleve o topo da cabeça. Enquanto mantém esta postura, concentre-se na sua respiração e na sensação de estabilidade no seu corpo. Esta prática de estabilização pode ser especialmente útil para os tipos Vata que se sentem dispersos ou descentrados.

Outra pose excelente para equilibrar Vata é Virabhadrasana II, ou Guerreiro II. Esta postura forte em pé promove a estabilidade e a concentração, ao mesmo tempo que abre as ancas e o peito. Para entrar na postura, afaste bem os pés, rode o pé direito 90 graus para fora e o pé esquerdo ligeiramente para dentro. Dobre o joelho direito sobre o tornozelo direito, estenda os braços para os lados e olhe para a ponta dos dedos direitos. Mantenha a posição durante várias respirações, sentindo a força e a firmeza nas pernas e a abertura no peito. Esta postura ajuda a contrariar a tendência de Vata para a constrição e a instabilidade.

Para os indivíduos com um dosha Pitta predominante, caracterizado por qualidades de calor, agudeza e intensidade, a prática de ioga deve centrar-se no arrefecimento, na calma e na libertação da tensão. Os tipos Pitta beneficiam frequentemente de uma prática que encoraja a rendição e o relaxamento, contrariando a sua tendência natural para a motivação e a ambição. Movimentos fluidos e fluidos combinados com posturas de arrefecimento mais longas podem ajudar a pacificar a natureza ardente de Pitta.

Uma postura particularmente calmante para os tipos Pitta é Chandra Bhedana, ou Respiração da Lua. Esta técnica de pranayama envolve a respiração exclusivamente através da narina esquerda, que está associada à energia lunar refrescante na Ayurveda. Para praticar, sente-se confortavelmente com a coluna vertebral direita. Use o polegar direito para fechar suavemente a narina direita e respire lenta e profundamente pela narina esquerda durante 3 a 5 minutos. Esta prática pode ajudar a arrefecer o corpo e a acalmar a mente, o que a torna especialmente benéfica para os tipos Pitta que podem ser propensos a sobreaquecimento ou irritabilidade.

Outro asana benéfico para Pitta é o Uttanasana, ou Curva para a frente em pé. Esta postura encoraja a rendição e a introspeção, contrariando a energia de Pitta focada no exterior. Para praticar, coloque-se de pé com os pés afastados à largura das ancas e, em seguida, dobre as ancas para se dobrar para a frente. Permita que a sua cabeça penda pesadamente e que os seus braços fiquem pendurados em direção ao chão. Se sentir alguma tensão na zona lombar, dobre ligeiramente os joelhos. Mantenha esta postura durante várias respirações, concentrando-se em libertar qualquer tensão ou calor no seu corpo. O aspeto de inversão desta postura também ajuda a arrefecer a cabeça, o que é particularmente benéfico para os tipos Pitta que podem ter dores de cabeça ou tensão mental.

Para quem tem um dosha Kapha predominante, caracterizado por qualidades de peso, frieza e estabilidade, uma prática de ioga deve centrar-se na estimulação, no calor e no movimento. Os tipos de Kapha beneficiam de uma prática mais vigorosa e energizante que contraria a sua tendência para a letargia e a estagnação. As sequências dinâmicas e as posturas que aumentam o calor e promovem a circulação são particularmente benéficas para equilibrar Kapha.

As Saudações ao Sol, ou Surya Namaskar, são uma excelente prática para os tipos Kapha. Esta sequência fluida de posturas cria calor, aumenta a circulação e energiza o corpo e a mente. Comece com a postura da montanha e depois passe por uma série de posturas, incluindo a dobra para a frente, a prancha, a chaturanga, o cão virado para cima e o cão virado para baixo. Mova-se com a sua respiração, inspirando enquanto se estende e expirando enquanto se dobra ou baixa. Praticar várias rondas de Saudações ao Sol pode ajudar a revigorar o metabolismo naturalmente lento de Kapha e promover uma sensação de leveza e clareza.

Outra postura poderosa para Kapha é a Utkatasana, ou postura da cadeira. Esta postura desafiante em pé aumenta o calor e a força, ao mesmo tempo que estimula o fogo digestivo, ou agni, que é frequentemente lento nos tipos de Kapha. Para praticar, coloque-se de pé com os pés juntos, depois dobre os joelhos e baixe as ancas como se estivesse sentado numa cadeira. Estenda os braços para cima, com as palmas das mãos viradas uma para a outra. Mantenha esta postura durante várias respirações, sentindo o calor a aumentar nas coxas e no núcleo. O esforço exigido por esta postura ajuda a contrariar a tendência de Kapha para a complacência e a inércia.

Embora asanas específicas possam ser benéficas para cada dosha, a prática de pranayama, ou controlo da respiração, é igualmente importante no ioga ayurvédico. A respiração é vista como uma ponte entre o corpo e a mente, e diferentes técnicas de respiração podem ter efeitos profundos nos nossos estados físicos e mentais. Para os tipos de Vata, as práticas de respiração lenta e profunda, como o Dirga Pranayama (respiração em três partes), podem ser calmantes e enraizantes. Os tipos Pitta podem beneficiar de práticas de respiração refrescante como o Sitali Pranayama (Respiração refrescante), em que o ar é aspirado através de uma língua enrolada. Os tipos Kapha podem revigorar a sua prática com um trabalho de respiração mais estimulante, como o Kapalabhati Pranayama (Respiração do brilho do crânio), que envolve exalações agudas e inalações passivas.

É importante notar que, embora estas orientações gerais possam ser úteis, a prática de ioga mais eficaz é aquela que é adaptada às suas necessidades individuais e ao seu estado atual de equilíbrio. A Ayurveda não é um sistema de "tamanho único". Trata-se de compreender a sua natureza única e trabalhar com ela." Este princípio aplica-se igualmente à sua prática de ioga. Ouça o seu corpo, observe como as diferentes práticas o fazem sentir e esteja disposto a ajustar a sua abordagem conforme necessário.

Ao concluirmos esta exploração do ioga para o seu dosha, lembre-se de que o objetivo final tanto do ioga como da Ayurveda é levá-lo a um estado de equilíbrio e harmonia. Ao alinhar a sua prática de ioga com a sua constituição única e as suas necessidades actuais, pode criar uma ferramenta poderosa para manter a saúde e o bem-estar. No próximo capítulo, iremos aprofundar a ligação mente-corpo, explorando técnicas de meditação e de atenção plena que complementam e melhoram as práticas físicas que discutimos aqui.

8. Meditação e atenção plena: Cultivar a paz interior

Ao fazermos a transição das práticas físicas do ioga discutidas no capítulo anterior, voltamos agora a nossa atenção para os aspectos mentais igualmente importantes do bem-estar ayurvédico. A meditação e a atenção plena são pilares fundamentais da filosofia ayurvédica, servindo como ferramentas poderosas para cultivar a paz interior e manter o equilíbrio no nosso mundo moderno de ritmo acelerado. Estas práticas não são meras modas de bem-estar na moda, mas sim técnicas antigas que foram refinadas e praticadas durante milhares de anos, oferecendo benefícios profundos para a saúde física e mental.

Na Ayurveda, a mente e o corpo estão indissociavelmente ligados, sendo o bem-estar mental considerado essencial para a saúde geral. O antigo texto ayurvédico, o Charaka Samhita, afirma: "A mente é a causa da escravidão e da libertação dos seres humanos". Esta afirmação poderosa sublinha a importância das práticas mentais na tradição ayurvédica. Ao aprender a acalmar e a concentrar a mente através da meditação e da atenção plena, podemos alcançar um estado de equilíbrio que tem um impacto positivo em todos os aspectos da nossa vida.

A importância da meditação na Ayurveda não pode ser exagerada. É vista como uma prática vital para manter o equilíbrio dosha, reduzir o stress e promover o bem-estar geral. A meditação ajuda a acalmar a tagarelice constante da mente, permitindo-nos conectar com o nosso eu interior e aceder a um poço profundo de paz e clareza. A prática regular da meditação tem demonstrado ter inúmeros benefícios, incluindo a redução da ansiedade e da depressão, a melhoria da concentração e da atenção, o aumento da regulação emocional e até benefícios físicos, como a redução da pressão arterial e a melhoria da função imunitária.

Na filosofia ayurvédica, a meditação não consiste apenas em sentar-se em silêncio durante alguns minutos por dia. É uma prática holística que engloba várias técnicas concebidas para provocar um estado de consciência elevada e de calma interior. Estas técnicas podem variar desde a simples consciencialização da respiração até visualizações mais complexas e repetições de mantras. O segredo é encontrar uma prática que se adeqúe à sua constituição e necessidades individuais.

Para as pessoas com um dosha Vata predominante, caracterizado pelas qualidades do ar e do espaço, a meditação pode ser particularmente benéfica para enraizar e acalmar a mente Vata, frequentemente inquieta. Uma meditação de equilíbrio de Vata pode centrar-se na visualização de raízes que crescem da base da coluna vertebral até à terra, promovendo uma sensação de estabilidade e ligação. Em alternativa, uma simples meditação com mantras, utilizando sons suaves como "Om" ou "Shanti", pode ajudar a acalmar a tendência de Vata para pensamentos dispersos e preocupações.

Os indivíduos com predominância Pitta, com a sua natureza ardente, podem beneficiar de práticas de meditação refrescantes e calmantes. Uma meditação centrada na visualização de uma luz azul fria ou a prática da meditação da bondade amorosa podem ajudar a equilibrar a tendência de Pitta para a intensidade e o perfeccionismo. O objetivo para os tipos Pitta é cultivar uma sensação de tranquilidade e relaxamento, contrariando a mentalidade Pitta, muitas vezes orientada para os objectivos.

Para quem tem uma constituição Kapha, caracterizada pelos elementos terra e água, as práticas de meditação energizantes e estimulantes podem ser mais benéficas. Os tipos Kapha podem encontrar benefícios em formas mais activas de meditação, como a meditação a pé ou práticas que incorporem movimentos suaves. As visualizações que envolvem cores vivas e quentes ou que se concentram em pensamentos inspiradores e edificantes podem ajudar a contrariar a tendência de Kapha para a letargia e a melancolia.

Independentemente do seu dosha dominante, a consistência é fundamental na prática da meditação. Os antigos textos ayurvédicos recomendam que medite à mesma hora todos os dias, de preferência durante as calmas primeiras horas da manhã, conhecidas como Brahma Muhurta, que ocorrem cerca de 90 minutos antes do nascer do sol. Esta hora é considerada particularmente auspiciosa para as práticas espirituais, uma vez que a mente está naturalmente calma e recetiva depois de dormir.

Embora a meditação seja uma pedra angular das práticas de saúde mental ayurvédicas, a atenção plena é igualmente importante e pode ser vista como uma extensão da meditação à vida quotidiana. A atenção plena implica trazer uma qualidade de consciência do momento presente a todas as nossas actividades, desde comer e caminhar até trabalhar e interagir com os outros. Ao cultivar a atenção plena, podemos aumentar a nossa capacidade de nos mantermos equilibrados e centrados ao longo do dia, independentemente das circunstâncias externas.

A prática da atenção plena alinha-se perfeitamente com o princípio ayurvédico de viver em harmonia com os ritmos da natureza. Ao mantermo-nos presentes e conscientes, ficamos mais sintonizados com as mudanças subtis no nosso ambiente e em nós próprios. Esta consciência acrescida permite-nos fazer escolhas que apoiam o nosso bem-estar e mantêm o equilíbrio dosha.

A incorporação da atenção plena na vida quotidiana pode assumir muitas formas. Comer com atenção, por exemplo, implica prestar toda a atenção à experiência de comer, saborear cada dentada e comer sem distracções. Esta prática não só aumenta o nosso prazer com a comida, como também apoia uma melhor digestão, um aspeto fundamental da saúde ayurvédica.

O movimento consciente, quer seja através do ioga, da caminhada ou de outras formas de exercício, envolve a consciencialização plena das sensações do corpo à medida que nos movemos. Esta prática pode ajudar-nos a mantermo-nos ligados ao nosso ser físico e a prevenir lesões, permitindo-nos notar e reagir a qualquer desconforto ou tensão. Mesmo as actividades quotidianas mundanas, como lavar a louça ou dobrar a roupa, podem tornar-se oportunidades para a prática da atenção plena. Ao dedicarmos toda a nossa atenção a estas tarefas, podemos transformá-las de tarefas domésticas em momentos de presença e paz. Como disse o mestre zen Thich Nhat Hanh, "Enquanto lava a loiça, pode estar a pensar no chá que se segue e, por isso, tenta tirá-la do caminho o mais rapidamente possível para se sentar e beber chá. Mas isso significa que é incapaz de viver durante o tempo em que está a lavar a loiça".

Para quem é novo na meditação e na atenção plena, iniciar uma prática regular pode parecer assustador. No entanto, a Ayurveda realça a importância de uma mudança gradual e sustentável. Comece com apenas alguns minutos de prática todos os dias, aumentando gradualmente a duração à medida que se vai sentindo mais confortável. Lembre-se, a consistência é mais importante do que a duração. Cinco minutos de prática diária são mais benéficos do que uma sessão de uma hora uma vez por semana.

Existem inúmeros recursos disponíveis para quem procura aprofundar a sua prática de meditação e de atenção plena. Muitas aplicações oferecem meditações guiadas adaptadas a necessidades ou doshas específicos. Os estúdios de ioga locais oferecem frequentemente aulas de meditação, e existem inúmeros livros e recursos online disponíveis sobre o assunto. A chave é explorar diferentes técnicas e descobrir o que ressoa consigo pessoalmente.

Ao integrar a meditação e a atenção plena na sua rotina diária, pode começar a notar mudanças subtis no seu bem-estar geral. Poderá dar por si a reagir a situações stressantes com mais calma e clareza, ou notar um aumento da sua capacidade de concentração e atenção. Estas práticas podem também conduzir a uma melhor qualidade do sono, a uma maior criatividade e a um maior sentido de ligação a si próprio e aos outros.

É importante lembrar que, como qualquer outra habilidade, a meditação e a atenção plena levam tempo e prática para serem dominadas. Seja paciente consigo próprio e aborde a sua prática com uma atitude de curiosidade e sem julgamentos. Alguns dias vão ser mais fáceis do que outros, e isso é perfeitamente normal. O objetivo não é atingir um determinado estado ou experiência, mas simplesmente estar presente de forma consistente e cultivar a consciência.

Ao concluirmos este capítulo sobre meditação e atenção plena, vale a pena refletir sobre a forma como estas práticas se alinham com os objectivos mais amplos da Ayurveda. Na sua essência, a Ayurveda trata de viver em harmonia com a natureza e de alcançar o equilíbrio em todos os aspectos da vida. A meditação e a atenção plena são ferramentas poderosas para alcançar este equilíbrio, permitindo-nos sintonizar com a nossa verdadeira natureza e fazer escolhas que apoiem o nosso bem-estar.

No próximo capítulo, vamos explorar outro aspeto crucial do autocuidado ayurvédico: os cuidados com a pele. Iremos descobrir como os princípios da Ayurveda podem ser aplicados para nutrir a nossa pele, criando uma saúde radiante de dentro para fora. À medida que avançamos, lembre-se de que as práticas de meditação e atenção plena de que falámos aqui podem ser aplicadas a todos os aspectos dos cuidados pessoais, incluindo os cuidados com a pele. Ao abordar a nossa rotina de cuidados da pele com atenção e consciência, podemos transformá-la de uma tarefa mundana num ritual de amor-próprio e cuidado.

9. Cuidados de pele ayurvédicos: Beleza natural a partir do interior

Com base nos princípios da Ayurveda discutidos nos capítulos anteriores, voltamos agora a nossa atenção para o domínio dos cuidados da pele. Os cuidados de pele ayurvédicos não se referem apenas à beleza exterior; trata-se de uma abordagem holística que reconhece a ligação íntima entre a saúde interior e a luminosidade exterior. Esta antiga sabedoria ensina-nos que a verdadeira beleza emana do interior, reflectindo o equilíbrio dos nossos doshas e o estado geral do nosso bem-estar.

Na Ayurveda, a pele é considerada um espelho da nossa saúde interna. Não é apenas o nosso maior órgão, mas também um indicador vital do equilíbrio ou desequilíbrio do nosso corpo. O estado da pele pode revelar muito sobre a nossa saúde digestiva, os nossos níveis de stress e até o nosso estado emocional. Compreender esta interligação é crucial para alcançar e manter uma pele saudável e brilhante.

A Ayurveda categoriza os tipos de pele de acordo com os três doshas: Vata, Pitta e Kapha. Cada dosha manifesta caraterísticas únicas na pele, e compreender o seu tipo de pele através desta lente pode orientá-lo para as práticas e tratamentos de cuidados da pele mais eficazes.

A pele Vata tende a ser seca, fina e delicada. Pode ser propensa a linhas finas, descamação e uma aparência baça. As pessoas com pele de predominância Vata sentem frequentemente aspereza e podem sentir que a sua pele está apertada ou desconfortável. Este tipo de pele requer uma nutrição extra e proteção contra os elementos.

A pele Pitta caracteriza-se por uma sensibilidade e uma tendência para a vermelhidão. Pode ser propensa a inflamações, acne e queimaduras solares. A pele Pitta tem frequentemente um toque quente e pode ficar facilmente ruborizada. A chave para equilibrar a pele Pitta reside em tratamentos refrescantes e calmantes.

A pele de Kapha é tipicamente espessa, oleosa e fria ao toque. Pode ser propensa a congestão, poros dilatados e oleosidade excessiva. Embora a pele de Kapha tenda a envelhecer bem, com menos rugas, necessita de desintoxicação e estimulação regulares para manter a sua saúde e vitalidade.

Compreender o seu tipo de pele através da perspetiva Ayurvédica permite uma abordagem mais personalizada aos cuidados da pele. Em vez de confiar em produtos genéricos que podem não responder às necessidades únicas da sua pele, pode escolher tratamentos e criar rotinas que equilibrem especificamente o seu dosha dominante.

Os cuidados de pele ayurvédicos dão ênfase à utilização de ingredientes naturais e puros que funcionam em harmonia com a constituição do seu corpo. Muitos destes ingredientes podem ser encontrados na sua cozinha ou jardim, tornando os cuidados de pele ayurvédicos acessíveis e sustentáveis. Vamos explorar algumas receitas de cuidados de pele ayurvédicos DIY que se destinam a diferentes tipos de dosha.

Para a pele Vata, uma máscara facial nutritiva pode ser feita misturando partes iguais de mel e abacate. Esta combinação proporciona uma hidratação profunda e ácidos gordos essenciais que ajudam a combater a secura e a descamação. Aplique esta máscara na pele limpa, deixe-a atuar durante 15-20 minutos e enxague com água morna. Em seguida, aplique algumas gotas de óleo de amêndoas ou de sésamo, massajando suavemente a pele para manter a hidratação.

A pele Pitta beneficia de tratamentos refrescantes e calmantes. Uma máscara facial calmante pode ser preparada misturando polpa de pepino com uma colher de gel de aloé vera. Esta mistura ajuda a reduzir a inflamação e a vermelhidão, ao mesmo tempo que proporciona uma hidratação suave. Aplique a máscara durante 10-15 minutos antes de a enxaguar com água fria. A água de rosas é um excelente tónico para a pele Pitta, ajudando a equilibrar o pH e a acalmar a irritação.

Para a pele Kapha, pode ser feita uma máscara desintoxicante misturando terra de Fuller (Multani mitti) com água de rosas para formar uma pasta. Isto ajuda a absorver o excesso de óleo e a limpar profundamente os poros. Deixe a máscara atuar até começar a secar e depois esfregue-a suavemente com movimentos circulares utilizando água morna. Aplicar em seguida um hidratante leve e não comedogénico para manter o equilíbrio.

Embora estes tratamentos tópicos sejam benéficos, a Ayurveda ensina-nos que a verdadeira saúde da pele vem de dentro. A dieta desempenha um papel crucial na manutenção de uma pele saudável. Consumir um equilíbrio de frutas frescas, legumes, cereais integrais e gorduras saudáveis fornece os nutrientes necessários para a reparação e regeneração da pele. Manter-se hidratado, bebendo muita água e chás de ervas ao longo do dia, também é essencial para manter a hidratação e a elasticidade da pele.

De acordo com a Ayurveda, certos alimentos são particularmente benéficos para a saúde da pele. A curcuma, conhecida pelas suas propriedades anti-inflamatórias, pode ajudar a limpar a pele e a promover um brilho saudável quando consumida regularmente. O ghee, ou manteiga clarificada, é considerado um alimento potente para nutrir a pele quando consumido com moderação. Fornece ácidos gordos essenciais que apoiam a saúde da pele a partir do interior.

As práticas de estilo de vida também desempenham um papel importante nos cuidados de pele ayurvédicos. O exercício regular promove uma circulação saudável, que por sua vez nutre a pele e ajuda na remoção de toxinas. No entanto, é importante escolher exercícios que equilibrem o seu dosha em vez de o agravar. Por exemplo, os tipos de Vata beneficiam de exercícios suaves e de base, como o ioga ou a caminhada, enquanto os tipos de Kapha podem precisar de actividades mais vigorosas para estimular a circulação e a transpiração.

A gestão do stress é outro aspeto crucial dos cuidados de pele ayurvédicos. O stress crónico pode manifestar-se em vários problemas de pele, desde o aparecimento de acne até ao envelhecimento prematuro. Práticas como a meditação, pranayama (exercícios de respiração) e ioga podem ajudar a reduzir o stress e promover uma sensação de calma que se reflecte na aparência da pele.

Na Ayurveda, um sono adequado é essencial para a saúde da pele. Durante o sono, o nosso corpo entra num estado de reparação e regeneração, o que é crucial para manter uma pele saudável. Procure dormir 7-8 horas de sono de qualidade todas as noites e tente alinhar o seu horário de sono com os ritmos circadianos naturais, deitando-se cedo e levantando-se com o sol.

A massagem com óleo, ou abhyanga, é uma prática fundamental nos cuidados de pele ayurvédicos. A auto-massagem regular com óleo quente não só nutre a pele, como também promove o relaxamento e melhora a circulação. Escolha óleos com base no seu dosha: óleo de sésamo para Vata, óleo de coco para Pitta e óleo de girassol ou de cártamo para Kapha.

A proteção solar é enfatizada na Ayurveda, particularmente para os tipos Pitta que são propensos a inflamação e fotossensibilidade. Embora a exposição moderada ao sol seja benéfica para a síntese de vitamina D, o excesso de sol pode danificar a pele e acelerar o envelhecimento. Utilize protectores solares naturais ou cubra-se com roupa leve e respirável quando estiver ao ar livre.

A Ayurveda também reconhece a importância da desintoxicação para a saúde da pele. As práticas de limpeza regulares, tanto internas como externas, ajudam a eliminar as toxinas acumuladas que se podem manifestar como problemas de pele. A escovagem a seco antes do banho é uma excelente forma de estimular a drenagem linfática e esfoliar as células mortas da pele. A nível interno, o jejum periódico ou a adoção de uma dieta simples e de fácil digestão podem ajudar a limpar o corpo e a melhorar a clareza da pele.

Ao concluirmos este capítulo sobre os cuidados de pele ayurvédicos, é importante recordar que a verdadeira beleza é mais do que a pele.

Embora estas práticas possam certamente melhorar o aspeto e a saúde da sua pele, fazem parte de uma filosofia mais alargada de bem-estar holístico. Ao alinhar-se com a sua constituição natural e ao adotar um estilo de vida equilibrado, alimenta não só a sua pele, mas também a sua saúde e vitalidade em geral.

No próximo capítulo, vamos explorar o papel crucial da digestão na saúde ayurvédica. Conhecido como "agni" na Ayurveda, o fogo digestivo é considerado a pedra angular do bem-estar geral, influenciando tudo, desde a absorção de nutrientes até à clareza mental. Compreender e otimizar a sua digestão é fundamental para desbloquear todo o potencial das práticas ayurvédicas para uma saúde vibrante e longevidade.

10. Ayurveda para a saúde digestiva: A chave para o bem-estar geral

Ao fazermos a transição da discussão sobre os cuidados de pele ayurvédicos, voltamos agora a nossa atenção para um aspeto fundamental da saúde geral na Ayurveda: o bem-estar digestivo. A antiga sabedoria da Ayurveda atribui uma importância primordial ao sistema digestivo, considerando-o a pedra angular da vitalidade e do bem-estar. Neste capítulo, vamos explorar a intrincada relação entre a digestão e a saúde geral, bem como as abordagens ayurvédicas para manter uma função digestiva óptima.

Na filosofia ayurvédica, o conceito de agni, ou fogo digestivo, é fundamental para compreender o processo digestivo. Agni não é apenas o ato físico de decompor os alimentos; representa todo o sistema metabólico do corpo. Isto inclui a absorção de nutrientes, a eliminação de resíduos e até o processamento de pensamentos e emoções. Como afirma o venerado texto ayurvédico Charaka Samhita, "A força do corpo depende da força de agni. Quando o agni está equilibrado, a pessoa é saudável; quando o agni é perturbado, a pessoa fica doente".

Acredita-se que o estado de agni de uma pessoa tem um impacto direto na saúde e vitalidade gerais. Quando o agni é forte e equilibrado, converte eficazmente os alimentos em energia e nutrientes que nutrem o corpo. Por outro lado, um agni fraco ou desequilibrado pode levar à acumulação de ama, ou toxinas, que é considerada a causa principal de muitas doenças na Ayurveda. "Ama é o produto de uma digestão e metabolismo incorrectos. É uma substância tóxica e pegajosa que obstrui os canais do corpo, conduzindo à doença."

Compreendendo a importância do agni, a Ayurveda oferece uma grande variedade de orientações dietéticas para otimizar a saúde digestiva. Um dos princípios fundamentais é comer de acordo com o dosha dominante de cada um. Por exemplo, as pessoas com um dosha Vata predominante são aconselhadas a privilegiar os alimentos quentes, húmidos e de base para contrariar a sua tendência para a secura e a frieza. Os indivíduos com predominância Pitta beneficiam de alimentos refrescantes, doces e amargos para equilibrar a sua disposição naturalmente ardente. Os tipos Kapha são aconselhados a consumir alimentos leves, secos e quentes para compensar a sua tendência para o peso e a congestão.

Para além das recomendações específicas dosha, a Ayurveda sublinha a importância de práticas alimentares conscientes. Isto inclui comer num ambiente calmo, mastigar bem os alimentos e evitar comer em excesso. Os textos antigos sugerem que se coma até se sentir cerca de 75% cheio, deixando espaço para uma digestão correta. Como diz o provérbio ayurvédico, "Quando a dieta é incorrecta, a medicina não serve para nada. Quando a dieta é correta, a medicina não é necessária".

O momento das refeições é também considerado crucial na Ayurveda. A tradição recomenda que a maior refeição do dia seja tomada à hora do almoço, quando o fogo digestivo está no auge. Isto alinha se com os ritmos circadianos naturais do corpo e apoia uma digestão óptima.

"Comer a sua refeição principal ao almoço, quando a força digestiva é mais forte, é como fazer um pequeno investimento na sua saúde que paga grandes dividendos."

A Ayurveda também dá grande ênfase à utilização de especiarias para melhorar a digestão. Acredita-se que certas especiarias acendem o fogo digestivo e melhoram a absorção de nutrientes. Por exemplo, o gengibre é conhecido pela sua capacidade de estimular o agni e reduzir o inchaço. Os cominhos são apreciados pelas suas propriedades carminativas, ajudando a aliviar os gases e a promover a digestão. A curcuma, com as suas potentes propriedades anti-inflamatórias, é considerada um tónico digestivo na Ayurveda. Incorporar estas especiarias nos cozinhados diários não só realça o sabor como também apoia a saúde digestiva.

O conceito de combinação de alimentos é outro aspeto importante da sabedoria dietética ayurvédica. Acredita-se que certas combinações de alimentos são mais fáceis de digerir, enquanto outras podem levar à formação de ama. Por exemplo, a Ayurveda desaconselha a combinação de frutos com outros alimentos, uma vez que se pensa que estes são digeridos a ritmos diferentes. Da mesma forma, a combinação de lacticínios e peixe é considerada incompatível e potencialmente prejudicial para a digestão. Embora alguns destes princípios possam parecer contraditórios com a ciência nutricional moderna, muitas pessoas relatam uma melhor digestão quando seguem estas diretrizes.

Segundo a Ayurveda, a hidratação desempenha um papel crucial na manutenção da saúde digestiva. No entanto, a tradição tem recomendações específicas relativamente ao consumo de água. Beber grandes quantidades de água fria durante as refeições é desaconselhado, pois acredita-se que pode amortecer o fogo digestivo. Em vez disso, recomenda-se a ingestão de água morna ao longo do dia para apoiar a digestão e a eliminação. Alguns praticantes de Ayurveda sugerem começar o dia com um copo de água morna com limão para estimular suavemente o sistema digestivo e promover a desintoxicação. Para além das práticas dietéticas, a Ayurveda oferece uma série de recomendações de estilo de vida para apoiar a saúde digestiva. A prática regular de exercício físico, nomeadamente caminhar após as refeições, é encorajada para estimular a digestão e evitar a estagnação. Acredita-se que as posturas de ioga que visam a zona abdominal, como as torções e as curvas para a frente, massajam os órgãos digestivos e melhoram o seu funcionamento. O pranayama, ou exercícios de respiração, também é considerado benéfico para a digestão, uma vez que se pensa que aumenta o fluxo de prana (força vital) para os órgãos digestivos.

Para quem sofre de desconforto digestivo, a Ayurveda oferece uma variedade de remédios naturais. Um remédio popular é o consumo de triphala, uma mistura de três frutos (amalaki, bibhitaki e haritaki) que é conhecida pelas suas propriedades laxantes e desintoxicantes suaves. "um desintoxicante poderoso mas suave que ajuda a limpar o trato digestivo e a apoiar a eliminação regular".

Outro remédio ayurvédico comum para problemas digestivos é a utilização de chás de ervas. O chá de funcho é frequentemente recomendado pela sua capacidade de reduzir o inchaço e os gases. O chá de hortelã-pimenta é apreciado pelo seu efeito calmante no trato digestivo, enquanto o chá de gengibre é apreciado pela sua capacidade de estimular a digestão e reduzir as náuseas. Estes remédios simples mas eficazes demonstram o princípio ayurvédico de utilizar a farmácia da natureza para apoiar a saúde e a cura.

Para problemas digestivos mais graves, a Ayurveda pode recomendar intervenções terapêuticas específicas. Um desses tratamentos é a abhyanga, uma forma de auto-massagem com óleo quente. Acredita-se que esta prática estimula o sistema linfático, promove a desintoxicação e melhora a função digestiva geral. Outra poderosa terapia ayurvédica para a saúde digestiva é o basti, ou enema de ervas. Pensa-se que este tratamento, que faz parte do processo de limpeza panchakarma mais intensivo, elimina as toxinas profundas do cólon e restabelece o equilíbrio de todo o sistema digestivo.

É importante notar que, embora as abordagens ayurvédicas à saúde digestiva sejam praticadas há milhares de anos, não devem substituir os cuidados médicos modernos no caso de perturbações digestivas graves. Pelo contrário, estas práticas podem ser vistas como complementares aos tratamentos convencionais, oferecendo uma abordagem holística ao bem-estar digestivo que aborda não só os sintomas físicos, mas também os aspectos emocionais e espirituais da saúde.

À medida que concluímos a nossa exploração das abordagens ayurvédicas à saúde digestiva, torna-se claro que este sistema antigo oferece uma compreensão abrangente e matizada do processo digestivo. Ao enfatizar a importância do agni, ao fornecer orientações dietéticas adaptadas e ao oferecer remédios naturais para problemas digestivos comuns, a Ayurveda fornece uma rica caixa de ferramentas para manter uma função digestiva óptima. À medida que avançamos para discutir o sono e o relaxamento no próximo capítulo, veremos como estas práticas estão interligadas, formando uma abordagem holística à saúde e ao bem-estar que tem resistido ao teste do tempo.

11. Sono e relaxamento: Práticas ayurvédicas para noites tranquilas

Partindo das bases da nutrição ayurvédica e das práticas de estilo de vida discutidas nos capítulos anteriores, voltamos agora a nossa atenção para um dos aspectos mais cruciais da saúde e do bem-estar geral: o sono. Na Ayurveda, o sono é considerado um dos três pilares da vida, juntamente com a alimentação e a atividade sexual regulada. Este capítulo aprofunda a perspetiva ayurvédica do sono, explorando a sua importância, o impacto dos diferentes doshas nos padrões de sono e técnicas práticas para garantir noites descansadas.

A importância do sono na Ayurveda não pode ser exagerada. De acordo com os antigos textos ayurvédicos, um sono adequado é essencial para manter o equilíbrio dos doshas, promover a longevidade e apoiar a saúde física e mental geral. O sono é visto como um estado natural de consciência que permite ao corpo e à mente rejuvenescer, reparar e preparar-se para os desafios do dia seguinte. Nas palavras do famoso médico ayurvédico Charaka, "Felicidade e infelicidade, nutrição e emaciação, força e fraqueza, virilidade e esterilidade, conhecimento e ignorância, vida e morte - tudo depende do sono".

A Ayurveda reconhece que a qualidade e a quantidade de sono necessárias podem variar significativamente entre os indivíduos, sendo largamente influenciadas pelo seu dosha dominante. Os indivíduos com dominância Vata, caracterizados pela sua natureza arejada e móvel, têm frequentemente um sono leve e interrompido. Podem ter dificuldade em adormecer ou em permanecer a dormir durante toda a noite. Os indivíduos com dominância Pitta, com a sua natureza ardente, tendem a dormir profundamente, mas por períodos mais curtos. Podem acordar sentindo-se revigorados mesmo após menos horas de sono. Os indivíduos com predominância Kapha, que personificam os elementos terra e água, têm normalmente um sono profundo e longo e podem até ter dificuldade em dormir demais.

Compreender estas tendências de sono específicas do dosha é crucial para desenvolver rotinas de sono eficazes. Para os tipos Vata, é particularmente importante estabelecer uma rotina consistente para a hora de deitar. Esta pode incluir alongamentos suaves ou ioga, seguidos de um banho quente ou duche para acalmar o sistema nervoso. Uma chávena de leite quente com uma pitada de noz-moscada também pode ser calmante para Vata. Os tipos Pitta beneficiam de práticas refrescantes antes de se deitarem, como passeios ao luar ou exercícios de respiração suaves. Evitar actividades estimulantes ou discussões acaloradas à noite pode ajudar os tipos Pitta a relaxar mais eficazmente. Os tipos Kapha, embora geralmente durmam bem, devem ter cuidado para não dormir demais. Estabelecer uma hora de despertar consistente e envolver-se em práticas matinais revigorantes pode ajudar a equilibrar a tendência de Kapha para a letargia.

O conceito de dinacharya, ou rotina diária, desempenha um papel importante nas práticas de sono ayurvédicas. Acredita-se que o alinhamento do ciclo sono-vigília com os ritmos naturais do dia promove uma melhor qualidade do sono e uma saúde geral. A Ayurveda recomenda ir para a cama às 22 horas e acordar antes do nascer do sol, por volta das 6 horas. Este horário baseia-se no entendimento de que diferentes doshas dominam diferentes alturas do dia e da noite. O período entre as 22h e as 2h é considerado dominado por Pitta, que está associado à transformação e ao metabolismo. Ao dormir durante este período, permitimos que o nosso corpo se concentre nos processos internos de reparação e rejuvenescimento.

Criar um ambiente ideal para dormir é outro aspeto crucial das práticas de sono ayurvédicas. O quarto de dormir deve ser um santuário dedicado ao descanso e à descontração. A Ayurveda recomenda manter a área de dormir limpa, sem desarrumação e bem ventilada. É preferível a utilização de tecidos naturais e respiráveis para a roupa de cama. Podem ser utilizados óleos essenciais como a lavanda, a camomila ou o sândalo para criar uma atmosfera calmante. Também é aconselhável evitar aparelhos electrónicos no quarto, uma vez que a luz azul emitida pelos ecrãs pode perturbar a produção natural de melatonina, a hormona do sono.

Segundo a Ayurveda, a alimentação desempenha um papel importante na qualidade do sono. Os alimentos pesados, oleosos ou condimentados consumidos perto da hora de deitar podem perturbar o sono ao sobrecarregarem o sistema digestivo. Em vez disso, recomenda-se um jantar leve e de fácil digestão, consumido pelo menos duas a três horas antes da hora de deitar. Certos alimentos são considerados particularmente benéficos para promover um bom sono. O leite morno, por exemplo, é um auxiliar de sono tradicional da Ayurveda. O aminoácido triptofano presente no leite ajuda a produzir serotonina e melatonina, que promovem o relaxamento e o sono.

Adicionar uma pitada de noz-moscada ou cardamomo ao leite pode aumentar as suas propriedades indutoras do sono.

Para quem se debate com perturbações do sono, a Ayurveda oferece uma série de remédios naturais. Um desses remédios é a prática de abhyanga, ou auto-massagem com óleo quente. Esta prática é particularmente benéfica para os tipos de Vata, mas pode ser útil para todos os doshas. Acredita-se que massajar as solas dos pés com óleo de sésamo ou de amêndoa quente antes de se deitar tem um efeito de ligação à terra, promovendo um sono melhor. Outra técnica eficaz é aplicar uma pequena quantidade de óleo de brahmi no topo da cabeça e nas têmporas. A Brahmi, uma erva conhecida pelas suas propriedades calmantes, pode ajudar a acalmar uma mente hiperactiva. Os remédios à base de plantas também desempenham um papel importante na gestão ayurvédica do sono. A Ashwagandha, uma erva adaptogénica, é muito utilizada para promover um sono reparador e gerir o stress. Pode ser tomada sob a forma de pó misturado com leite morno antes de deitar. Outra erva popular é a Shankhpushpi, conhecida pela sua capacidade de acalmar a mente e promover um sono profundo. A Jatamansi, muitas vezes referida como valeriana indiana, é particularmente eficaz para quem tem desequilíbrios de Vata que causam perturbações do sono.

Os exercícios de respiração, ou pranayama, podem ser ferramentas poderosas para melhorar a qualidade do sono. A prática de Nadi Shodhana, ou respiração com narinas alternadas, é particularmente eficaz para equilibrar os doshas e acalmar a mente antes de dormir. Esta técnica consiste em utilizar o polegar e o dedo anelar para fechar alternadamente uma narina enquanto se respira pela outra. Outra técnica de respiração benéfica é o Bhramari, ou respiração de abelha, em que se faz um zumbido durante a expiração. Esta prática é conhecida por induzir um estado de relaxamento conducente ao sono.

Embora a Ayurveda realce a importância de rotinas de sono consistentes, também reconhece que os estilos de vida modernos podem, por vezes, perturbar estes padrões ideais. Para as pessoas que trabalham em turnos noturnos ou que lidam com o jet lag, a Ayurveda oferece estratégias de adaptação. Estas podem incluir o ajustamento dos horários das refeições, a utilização de ervas específicas para apoiar a adaptação do corpo e a criação de ciclos artificiais de dia-noite utilizando a terapia da luz. A chave é manter a maior consistência possível dentro das limitações do estilo de vida de cada um e apoiar os ritmos naturais do corpo tanto quanto possível.

É importante notar que, embora as práticas ayurvédicas do sono possam ser altamente eficazes, os distúrbios do sono persistentes podem exigir atenção médica profissional. A Ayurveda pode trabalhar em conjunto com abordagens médicas modernas para resolver problemas de sono. Muitos praticantes de medicina integrativa incorporam atualmente os princípios ayurvédicos nos seus planos de tratamento de perturbações do sono, reconhecendo os benefícios holísticos deste sistema ancestral.

Ao concluirmos a nossa exploração das abordagens ayurvédicas ao sono e ao relaxamento, é evidente que estas práticas oferecem uma estrutura abrangente para melhorar a qualidade do sono e o bem-estar geral. Ao alinhar os nossos padrões de sono com os ritmos naturais, criando ambientes de sono favoráveis e utilizando a dieta, as ervas e as práticas de atenção plena, podemos cultivar um sono profundo e reparador. Isto, por sua vez, apoia a nossa saúde geral, aumentando a nossa capacidade de gerir o stress, manter o equilíbrio e enfrentar os desafios da vida diária com maior resiliência e vitalidade.

À medida que avançamos na nossa viagem através da "Sabedoria Ayurvédica: Cura Antiga para a Vida Moderna"

 exploraremos a forma como estes princípios de equilíbrio e harmonia se estendem para além do sono, a outras áreas cruciais da vida. No próximo capítulo, vamos aprofundar as abordagens ayurvédicas à gestão do stress, com base no sono reparador, para criar uma abordagem mais equilibrada e resistente aos desafios modernos.

12. Gestão do stress: Abordagens Ayurvédicas aos Desafios Modernos

Com base nos conhecimentos sobre nutrição ayurvédica e práticas de estilo de vida discutidos no capítulo anterior, voltamos agora a nossa atenção para uma das questões mais prementes da vida moderna: a gestão do stress. Neste capítulo, vamos explorar as abordagens ayurvédicas para lidar com os desafios do nosso mundo acelerado, oferecendo uma sabedoria testada pelo tempo para o ajudar a navegar nas complexidades da vida contemporânea com maior facilidade e equilíbrio.

O stress é uma parte inevitável da existência humana, mas a intensidade e a frequência com que o experimentamos no mundo de hoje podem ter sérias implicações para a nossa saúde e bem-estar. Na perspetiva ayurvédica, o stress não é apenas um estado mental ou emocional, mas uma complexa interação de factores que podem perturbar o delicado equilíbrio dos nossos doshas e comprometer a nossa saúde geral.

Para compreender o stress de um ponto de vista ayurvédico, temos de começar por reconhecer que cada dosha reage aos factores de stress de formas únicas. Os tipos Vata, caracterizados pelos seus elementos ar e éter, tendem a reagir ao stress com ansiedade, nervosismo e insónia. A natureza rápida de Vata torna estes indivíduos particularmente susceptíveis de se sentirem sobrecarregados e dispersos quando confrontados com situações difíceis. Os tipos Pitta, regidos pelo fogo e pela água, são mais susceptíveis de responder ao stress com irritabilidade, raiva e frustração. A sua natureza intensa e orientada para os objectivos pode levar ao esgotamento se não for devidamente gerida. Os tipos Kapha, compostos pelos elementos terra e água, podem reagir ao stress retraindo-se, tornando-se letárgicos ou comendo em excesso. A sua tendência para a inércia pode dificultar a adaptação à mudança, levando a sentimentos de estagnação e depressão.

Reconhecer estas respostas ao stress específicas do dosha é crucial para desenvolver uma abordagem ayurvédica eficaz à gestão do stress. Ao compreender o seu dosha dominante e a forma como reage ao stress, pode adaptar as suas estratégias de redução do stress para responder às suas necessidades e tendências únicas.

Um dos princípios fundamentais da gestão ayurvédica do stress é a importância da rotina. No nosso mundo moderno, onde os horários são muitas vezes erráticos e as exigências estão em constante mudança, o estabelecimento de uma rotina diária consistente pode proporcionar uma sensação de estabilidade e de firmeza que ajuda a atenuar os efeitos do stress. Esta rotina, conhecida como dinacharya na Ayurveda, deve estar alinhada com o seu dosha dominante e com os ritmos naturais do dia.

Para os tipos Vata, que são particularmente sensíveis a mudanças na rotina, é essencial um horário diário estruturado. Isto pode incluir acordar à mesma hora todos os dias, de preferência antes do nascer do sol, seguido de uma prática de ioga matinal suave e de meditação. Refeições regulares e uma rotina consistente à hora de deitar podem ajudar a ancorar a energia Vata e a reduzir a ansiedade. Os tipos Pitta beneficiam da incorporação de actividades refrescantes na sua rotina, como um passeio na natureza a meio do dia ou um ritual noturno calmante para relaxar da intensidade do dia. Os indivíduos Kapha devem concentrar-se na incorporação de elementos energizantes na sua rotina, como um treino matinal revigorante ou uma aromaterapia estimulante para contrariar a sua tendência para a letargia.

Para além de estabelecer uma rotina de apoio, a Ayurveda oferece uma grande variedade de práticas de estilo de vida para a redução do stress. Uma das mais poderosas é a prática da atenção plena. No nosso mundo hiperconectado, onde somos constantemente bombardeados com informações e estímulos, cultivar a consciência do momento presente pode ser um antídoto potente para o stress. As práticas de atenção plena não precisam de ser complexas ou demoradas; mesmo técnicas simples como a respiração consciente ou a caminhada atenta podem ter efeitos profundos nos nossos níveis de stress.

Por exemplo, a prática da respiração com narinas alternadas, ou Nadi Shodhana, é uma técnica simples mas eficaz para equilibrar o sistema nervoso e reduzir o stress. Para a praticar, sente-se confortavelmente e use o polegar direito para fechar a narina direita. Inspire profundamente pela narina esquerda e feche-a com o dedo anelar. Solte o polegar e expire pela narina direita. Inspire pela narina direita, feche-a e expire pela esquerda. Isto completa uma ronda. Continue durante 5-10 minutos, concentrando-se na respiração e permitindo que os pensamentos passem sem os envolver.

Outro aspeto fundamental da gestão ayurvédica do stress é o cultivo de sattva, ou pureza e equilíbrio, em todos os aspectos da vida. Isto inclui não só o que comemos e como movemos o nosso corpo, mas também a companhia que temos, os meios de comunicação que consumimos e os ambientes que habitamos. Rodearmo-nos de influências edificantes e minimizar a exposição à negatividade pode ter um impacto profundo nos nossos níveis de stress e no nosso bem-estar geral.

Em termos de nutrição, a Ayurveda recomenda uma dieta que equilibre o seu dosha dominante e apoie os mecanismos naturais do seu corpo para lidar com o stress. Para todos os doshas, alimentos quentes e nutritivos, preparados com amor e atenção, podem ser profundamente reconfortantes e enraizantes. Os alimentos específicos que reduzem o stress incluem o ashwagandha, uma erva adaptogénica conhecida pela sua capacidade de ajudar o corpo a lidar com o stress; o tulsi ou manjericão sagrado, que tem propriedades calmantes e apoia as glândulas supra-renais; e o brahmi, que aumenta a clareza mental e reduz a ansiedade.

A atividade física é outra componente crucial da gestão ayurvédica do stress. Embora o exercício intenso possa ser benéfico para alguns, especialmente para os tipos Kapha, a Ayurveda recomenda geralmente formas mais suaves de movimento para a redução do stress. O ioga, em particular, é altamente considerado pela sua capacidade de equilibrar os doshas e acalmar a mente. As posturas de ioga restauradoras, como a postura das pernas para cima da parede ou a postura da criança, podem ser especialmente calmantes para o sistema nervoso. Para os tipos de Vata, as poses de aterramento que se concentram na parte inferior do corpo podem ajudar a aliviar a ansiedade, enquanto os tipos de Pitta beneficiam de saudações lunares refrescantes. Os indivíduos Kapha podem achar que os fluxos mais energéticos são úteis no combate à letargia e à depressão.

Para além destas práticas de estilo de vida, a Ayurveda oferece uma gama de remédios à base de plantas para o stress e a ansiedade. Estas soluções naturais podem ser poderosas aliadas na gestão do stress, mas é importante consultar um médico ayurvédico antes de as incorporar na sua rotina, uma vez que os seus efeitos podem variar em função da sua constituição individual e do seu estado de equilíbrio atual.

Uma das ervas mais veneradas na Ayurveda para a gestão do stress é a Ashwagandha (Withania somnifera). Conhecida como a "força do garanhão", esta erva adaptogénica ajuda o corpo a resistir a todos os tipos de stress, sejam eles físicos, químicos ou biológicos. Foi demonstrado que a Ashwagandha reduz os níveis de cortisol, melhora a qualidade do sono e aumenta a resistência geral ao stress. É particularmente benéfica para os tipos Vata, que tendem a ser propensos à ansiedade e à insónia.

Outra erva poderosa para o alívio do stress é a Brahmi (Bacopa monnieri). Esta erva é conhecida pela sua capacidade de melhorar a função cognitiva, reduzir a ansiedade e melhorar a memória. A Brahmi é particularmente benéfica para os tipos Pitta, que podem debater-se com agitação mental e irritabilidade sob stress. Tem um efeito refrescante na mente e no corpo, ajudando a acalmar a natureza ardente de Pitta.

Para os tipos Kapha, que podem responder ao stress com letargia e alimentação emocional, ervas como Triphala podem ser benéficas.

Triphala é uma combinação de três frutos (amalaki, bibhitaki e haritaki) que apoiam a digestão, limpam o corpo de toxinas e proporcionam um suave aumento de energia. Pode ajudar a contrariar a tendência para a estagnação que os tipos de Kapha sentem frequentemente sob stress.

Embora estes remédios à base de plantas possam ser ferramentas poderosas para gerir o stress, é importante lembrar que são mais eficazes quando utilizados como parte de uma abordagem holística ao bem-estar. Isto inclui não só as práticas de estilo de vida que já discutimos, mas também a atenção às nossas relações e ao nosso ambiente.

Na Ayurveda, o conceito de ojas está intimamente ligado à nossa capacidade de gerir o stress. Ojas pode ser considerado como a nossa vitalidade central ou essência vital. Quando ojas é forte, somos resilientes, enérgicos e capazes de enfrentar os desafios da vida com equanimidade. Quando ojas está esgotado, tornamo-nos mais susceptíveis ao stress, à doença e à fadiga. Muitas das práticas de que falámos, desde a alimentação consciente ao ioga e à meditação, ajudam a construir e a preservar ojas.

Uma das formas mais poderosas de construir ojas e gerir o stress é através do cultivo de relações amorosas e de uma comunidade de apoio. No nosso mundo moderno, cada vez mais isolado, a importância da ligação humana não pode ser exagerada. Reservar tempo para cultivar relações, participar em conversas significativas e oferecer apoio aos outros pode ser profundamente nutritivo para o nosso espírito e ajudar a proteger-nos contra os efeitos do stress.

Igualmente importante é a nossa relação com a natureza. Na Ayurveda, os seres humanos são vistos como parte integrante do mundo natural e não como algo separado dele. O tempo passado regularmente na natureza, quer se trate de um passeio no parque, de jardinagem ou simplesmente de estar sentado debaixo de uma árvore, pode ajudar a reiniciar o nosso sistema nervoso e proporcionar uma pausa muito necessária das pressões da vida moderna. A prática da ligação à terra, ou seja, andar descalço em superfícies naturais, é particularmente enraizante e pode ajudar a dissipar o stress e a tensão acumulados.

Ao concluirmos a nossa exploração das abordagens ayurvédicas à gestão do stress, é importante recordar que o verdadeiro bem-estar não tem a ver com a eliminação total do stress - o que não seria possível nem desejável - mas com o desenvolvimento da resiliência e das ferramentas para enfrentar os desafios da vida com graça e facilidade. Ao incorporar estes princípios e práticas ayurvédicas na sua vida diária, pode cultivar um estado de equilíbrio e vitalidade que lhe permite prosperar, mesmo perante os factores de stress modernos.

No próximo capítulo, vamos aprofundar o conceito ayurvédico de desintoxicação e limpeza, explorando a forma como estas práticas podem apoiar ainda mais a nossa saúde e bem-estar geral. Como veremos, a capacidade de gerir eficazmente o stress está intimamente ligada à capacidade do nosso corpo de eliminar toxinas e manter o equilíbrio interno. Ao combinar técnicas de gestão do stress com práticas regulares de desintoxicação, podemos criar uma base sólida para a saúde e vitalidade a longo prazo.

13. Desintoxicação e limpeza: Métodos Ayurvédicos de Purificação

Partindo da base estabelecida no capítulo anterior sobre a gestão do stress, voltamos agora a nossa atenção para as práticas ayurvédicas cruciais de desintoxicação e limpeza. Na Ayurveda, o conceito de purificação está profundamente enraizado no entendimento de que o nosso corpo acumula toxinas ao longo do tempo, o que pode levar a desequilíbrios e doenças. Este capítulo explora a abordagem ayurvédica à desintoxicação, centrando-se no conceito de ama, nas práticas de limpeza sazonais e na poderosa terapia de purificação conhecida como Panchakarma.

O conceito de ama, ou toxinas, é fundamental para a medicina ayurvédica. Ama é descrito como uma substância pegajosa e tóxica que se acumula no corpo quando o nosso fogo digestivo, ou agni, é fraco. Isto pode ocorrer devido a maus hábitos alimentares, stress, falta de exercício ou factores ambientais. Ama é a raiz de todas as doenças. É um resíduo tóxico, pegajoso e mal cheiroso, resultante de uma digestão inadequada, que obstrui os canais do corpo".

Quando o ama se acumula no corpo, pode manifestar-se de várias formas. Poderá sentir uma língua saburrosa, mau hálito, fadiga, nevoeiro mental ou uma sensação geral de peso. Com o tempo, a acumulação de ama pode levar a problemas de saúde mais graves, afectando não só a saúde física, mas também o bem-estar mental e emocional. É por esta razão que as práticas regulares de desintoxicação são consideradas essenciais na Ayurveda.

O processo de remoção do ama do corpo é conhecido como ama pachana, que significa literalmente "digerir o ama". Este processo envolve a estimulação do fogo digestivo e o encorajamento dos processos naturais de desintoxicação do corpo. Uma das formas mais simples de iniciar este processo é através de mudanças na dieta. A Ayurveda recomenda o consumo de alimentos quentes, leves e de fácil digestão durante uma limpeza. Isto pode incluir kitchari, um prato nutritivo feito de feijão mungo e arroz, que é considerado tridoshico, o que significa que é equilibrado para todos os tipos de corpo.

As práticas de limpeza sazonais são outro aspeto importante da desintoxicação ayurvédica. A Ayurveda reconhece que os nossos corpos estão intimamente ligados aos ritmos da natureza e que cada estação traz os seus próprios desafios e oportunidades para a saúde. A mudança das estações, particularmente a transição do inverno para a primavera e do verão para o outono, são consideradas alturas ideais para a limpeza.

Durante estes períodos de transição, os nossos corpos estão naturalmente preparados para a desintoxicação. Na primavera, por exemplo, o peso acumulado no inverno começa a derreter, tal como a neve a derreter ao sol quente. Este é um momento oportuno para apoiar os processos naturais de limpeza do corpo através de ajustes na dieta e práticas ayurvédicas específicas.

Uma limpeza de primavera ayurvédica típica pode durar entre três a sete dias, dependendo da constituição e do estado de saúde do indivíduo. Durante este período, a pessoa pode concentrar-se em comer alimentos leves e quentes, beber chás de ervas desintoxicantes e praticar exercício físico suave, como ioga ou caminhadas. Podem também ser incorporadas ervas específicas conhecidas pelas suas propriedades desintoxicantes, como a curcuma, o neem e a triphala.

É importante notar que a limpeza ayurvédica não tem a ver com privação ou medidas extremas. Ao contrário de algumas dietas de desintoxicação modernas que defendem o jejum ou a restrição severa da alimentação, a limpeza ayurvédica é um processo suave e nutritivo. O objetivo é apoiar a sabedoria inata do corpo e a sua capacidade de auto-cura, e não forçar ou chocar o sistema.

Embora as práticas de limpeza sazonais possam ser benéficas para a maioria das pessoas, a Ayurveda também oferece terapias de desintoxicação mais intensivas para aqueles que necessitam de uma purificação mais profunda. A mais completa destas terapias é o Panchakarma, um conjunto de cinco acções terapêuticas destinadas a eliminar as toxinas do corpo e a restabelecer o equilíbrio dos doshas.

Panchakarma, que se traduz por "cinco acções", é considerada a derradeira experiência de cura mente-corpo na medicina ayurvédica. Esta terapia intensiva é normalmente efectuada sob a supervisão de um médico ayurvédico e pode durar de alguns dias a várias semanas.

As cinco principais terapias de Panchakarma são vamana (vómito terapêutico), virechana (purgação), basti (clister), nasya (administração nasal) e rakta moksha (sangria, embora esta seja raramente praticada nos tempos modernos).

Antes do início das terapias Panchakarma propriamente ditas, há uma fase preparatória conhecida como purva karma. Esta fase envolve a oleação, tanto interna como externa, para ajudar a libertar e a mobilizar as toxinas do corpo. Internamente, isto pode envolver a ingestão de ghee ou óleo medicado, enquanto externamente são efectuadas massagens com óleo quente (abhyanga). Esta fase preparatória é crucial, pois ajuda a amolecer e a soltar o ama, facilitando a sua eliminação durante as principais terapias Panchakarma.

As terapias específicas utilizadas durante o Panchakarma são adaptadas à constituição e às preocupações de saúde de cada indivíduo. Por exemplo, uma pessoa com excesso de Kapha pode beneficiar mais da terapia vamana, que ajuda a limpar a congestão do sistema respiratório. Por outro lado, alguém com excesso de Pitta pode achar virechana mais benéfico, pois ajuda a limpar o fígado e o intestino delgado.

Uma das terapias Panchakarma mais comummente praticadas é o basti, ou enema terapêutico. Este tratamento é considerado particularmente eficaz para equilibrar o Vata dosha, que governa o movimento do corpo e está localizado no cólon. A terapia basti pode envolver a utilização de óleos medicinais ou decocções de ervas, dependendo dos problemas de saúde específicos que estão a ser tratados.

Nasya, ou administração nasal de óleos medicinais, é outra importante terapia Panchakarma. Este tratamento é particularmente benéfico para as doenças que afectam a área da cabeça e do pescoço, incluindo problemas de sinusite, enxaquecas e certas perturbações neurológicas. "O nariz é a porta para o cérebro. A terapia Nasya pode ajudar a desobstruir os canais da cabeça, melhorando a clareza mental e a perceção sensorial."

É importante compreender que, embora o Panchakarma possa ser uma experiência de cura poderosa, não é adequado para toda a gente. As mulheres grávidas, as pessoas com doenças graves e os indivíduos num estado debilitado devem evitar as terapias Panchakarma intensivas. Consulte sempre um médico ayurvédico qualificado antes de iniciar qualquer programa de desintoxicação intensiva.

Depois de completar um curso de Panchakarma, há uma fase de rejuvenescimento conhecida como rasayana. Esta fase envolve nutrir o corpo com alimentos saudáveis, preparações à base de plantas e práticas de estilo de vida concebidas para fortalecer os tecidos e apoiar uma saúde óptima. A fase rasayana é crucial para permitir que o corpo assimile os benefícios do processo de desintoxicação e para prevenir a rápida re-acumulação de ama.

Embora o Panchakarma seja uma terapia de desintoxicação poderosa e abrangente, nem sempre é necessário ou prático para toda a gente. Existem muitas práticas de desintoxicação ayurvédicas mais simples que podem ser incorporadas na vida quotidiana. Estas incluem a raspagem da língua para remover o ama da língua, escovar a pele a seco para estimular o fluxo linfático e beber água quente ao longo do dia para eliminar as toxinas do sistema.

Outra prática de desintoxicação simples mas eficaz é a utilização da terapia de vapor, ou swedana. Isto pode ser feito sentando-se numa sala de vapor, tomando um banho quente com sais de Epsom, ou mesmo aplicando apenas toalhas quentes e húmidas no corpo. A terapia de vapor ajuda a abrir os canais do corpo, promovendo a libertação de toxinas através do suor.

O jejum, quando feito corretamente, também pode ser uma poderosa ferramenta de desintoxicação na Ayurveda. No entanto, é importante notar que o jejum ayurvédico não consiste numa abstinência total de alimentos. Em vez disso, envolve frequentemente uma mono-dieta (comer apenas um tipo de alimento, como o kitchari) ou limitar a ingestão de alimentos durante um curto período de tempo. Isto dá ao sistema digestivo a oportunidade de descansar e reiniciar, apoiando os processos naturais de desintoxicação do corpo.

Ao concluirmos esta exploração das práticas de desintoxicação e limpeza ayurvédicas, é importante lembrar que não se trata de eventos únicos, mas sim de processos contínuos. Tal como limpamos regularmente as nossas casas para evitar a acumulação de pó e sujidade, precisamos de limpar regularmente o nosso corpo para evitar a acumulação de ama. Ao incorporar estas práticas nas nossas vidas, podemos apoiar a capacidade inata de cura do nosso corpo e manter uma saúde óptima.

À medida que avançamos, vamos explorar a forma como estes princípios de desintoxicação e equilíbrio podem ser aplicados especificamente à saúde da mulher, abordando os desafios e oportunidades únicos que surgem ao longo do ciclo de vida da mulher. A abordagem ayurvédica à saúde da mulher oferece uma perspetiva holística que honra a interconexão do corpo, da mente e do espírito, fornecendo conhecimentos valiosos para todas as fases da vida.

14. Saúde da mulher: Sabedoria ayurvédica para todas as fases da vida

Ao passarmos da discussão das abordagens ayurvédicas à gestão do stress, vamos agora explorar a profunda sabedoria que a Ayurveda oferece para a saúde da mulher ao longo das várias fases da vida. O corpo da mulher sofre alterações significativas ao longo do tempo e a Ayurveda fornece uma estrutura holística para apoiar estas transições com graça e equilíbrio.

A perspetiva ayurvédica sobre a saúde da mulher baseia-se no entendimento de que cada mulher é única, com a sua própria combinação particular de doshas que influenciam o seu bem-estar físico, mental e emocional. Esta abordagem individualizada permite recomendações personalizadas que respondem às necessidades específicas de cada mulher, em vez de uma solução única para todos. Ao alinharem-se com os princípios da Ayurveda, as mulheres podem enfrentar os desafios e as mudanças dos seus corpos com maior facilidade e harmonia.

Comecemos por examinar a abordagem ayurvédica da menstruação, um processo cíclico que é fundamental para a saúde da mulher. De acordo com a filosofia ayurvédica, a menstruação não é apenas uma função biológica, mas um processo de limpeza natural que ajuda a remover o excesso de doshas e toxinas do corpo. O ciclo menstrual está intimamente ligado às fases da lua, reflectindo a profunda ligação entre o corpo da mulher e os ritmos da natureza.

Durante a menstruação, a Ayurveda recomenda uma prática chamada "ritushuddhi", que significa purificação da estação. Isto implica tomar cuidados adicionais durante o período menstrual, incluindo repouso, alimentos leves e de fácil digestão e evitar actividades extenuantes. O objetivo é apoiar o processo natural de limpeza do corpo e minimizar o desconforto. Os médicos ayurvédicos sugerem frequentemente ervas como o shatavari (Asparagus racemosus) e a ashoka (Saraca asoca) para ajudar a regular o fluxo menstrual e aliviar as cólicas.

Para as mulheres que sofrem de síndroma pré-menstrual (PMS), a Ayurveda oferece uma gama de remédios naturais. Estes podem incluir ajustes no estilo de vida, alterações na dieta e suplementos de ervas. Por exemplo, as mulheres com SPM do tipo Vata, caracterizada por ansiedade e ciclos irregulares, podem beneficiar de alimentos e práticas de aquecimento e estabilização. As mulheres com TPM de tipo Pitta, marcada por irritabilidade e calor excessivo, podem encontrar alívio através de alimentos refrescantes e actividades calmantes. A TPM do tipo Kapha, frequentemente associada à retenção de água e à letargia, pode ser tratada com ervas estimulantes e exercícios revigorantes.

À medida que as mulheres entram na perimenopausa e na menopausa, a Ayurveda fornece informações valiosas para gerir os sintomas e manter a saúde geral. A menopausa é vista como uma mudança natural na vida da mulher e não como uma doença ou perturbação. Numa perspetiva ayurvédica, esta transição é frequentemente acompanhada por um aumento de Vata dosha, que pode levar a sintomas como afrontamentos, alterações de humor e perturbações do sono.

Para equilibrar o aumento de Vata durante a menopausa, a Ayurveda recomenda uma combinação de ajustes na dieta, práticas de estilo de vida e remédios à base de plantas. Alimentos quentes e nutritivos, massagem regular com óleo (abhyanga) e actividades que reduzem o stress, como o ioga e a meditação, podem ajudar a suavizar a transição da menopausa. Ervas como shatavari, ashwagandha (Withania somnifera) e cohosh preto (Actaea racemosa) são frequentemente prescritas para apoiar o equilíbrio hormonal e aliviar os sintomas da menopausa.

A gravidez e os cuidados pós-parto são outro aspeto crucial da saúde da mulher na Ayurveda. O antigo texto Charaka Samhita dedica uma secção inteira aos cuidados a ter com as mulheres grávidas, sublinhando a importância de uma alimentação adequada, exercício físico suave e bem-estar emocional durante este período de transformação. A Ayurveda reconhece a gravidez como um equilíbrio delicado dos três doshas, sendo cada trimestre dominado por um dosha diferente.

Durante a gravidez, a Ayurveda recomenda uma dieta sáttvica, rica em alimentos frescos e integrais, fáceis de digerir e nutritivos tanto para a mãe como para o bebé. Certas ervas, como o gengibre e o funcho, são encorajadas a ajudar a digestão e a aliviar os enjoos matinais, enquanto outras, como o shatavari, se acredita que apoiam o feto em crescimento e preparam o corpo para a lactação. São recomendados exercícios suaves como o ioga pré-natal e caminhadas para manter a força e a flexibilidade.

Os cuidados pós-parto na Ayurveda são objeto de uma atenção significativa, com o objetivo de repor as forças da nova mãe e apoiar a sua recuperação. Os primeiros 40 dias após o parto, conhecidos como a "janela sagrada", são considerados cruciais para a cura da mãe e para a criação de laços com o bebé. Durante este período, a Ayurveda aconselha o repouso, alimentos quentes e de fácil digestão e ervas específicas para promover a cura e a produção de leite.

Uma das práticas pós-parto mais apreciadas na Ayurveda é a abhyanga, ou massagem com óleo quente. Acredita-se que esta auto-massagem diária com óleos infundidos com ervas ajuda o corpo da nova mãe a recuperar, reduz o stress e promove um sono melhor. A prática de atar o abdómen com um pano, conhecida como "uttara basti", é também comum para apoiar os órgãos internos à medida que estes regressam às suas posições anteriores à gravidez.

O equilíbrio natural das hormonas é outra área em que a Ayurveda brilha nos cuidados de saúde da mulher. Os desequilíbrios hormonais podem manifestar-se de várias formas, desde períodos irregulares e problemas de fertilidade a alterações de humor e flutuações de peso. A Ayurveda aborda o equilíbrio hormonal de forma holística, considerando não apenas os sintomas físicos, mas também os aspectos mentais e emocionais da vida da mulher.

Um dos princípios fundamentais do equilíbrio hormonal ayurvédico consiste em apoiar os processos naturais de desintoxicação do corpo. Isto inclui práticas como beber água morna ao longo do dia, fazer uma dieta rica em alimentos integrais e praticar exercício físico regular para promover a circulação e eliminar toxinas. Ervas específicas como a guduchi (Tinospora cordifolia) e o neem (Azadirachta indica) são frequentemente recomendadas pelas suas propriedades desintoxicantes. A gestão do stress desempenha um papel crucial no equilíbrio hormonal, uma vez que o stress crónico pode perturbar significativamente o sistema endócrino. As práticas ayurvédicas como a meditação, o pranayama (exercícios de respiração) e o ioga são ferramentas poderosas para reduzir o stress e promover o equilíbrio hormonal. Estas práticas não só ajudam a acalmar a mente, como também apoiam o funcionamento correto do eixo hipotálamo-pituitária-adrenal (HPA), que é fundamental para a regulação hormonal.

A Ayurveda também reconhece a importância de uma digestão saudável para manter o equilíbrio hormonal. O conceito de agni, ou fogo digestivo, é fundamental para a medicina ayurvédica. Quando o agni é forte, o corpo pode processar eficazmente os nutrientes e eliminar os resíduos, apoiando a saúde geral e o equilíbrio hormonal. Para apoiar o agni, a Ayurveda recomenda uma alimentação consciente, evitando comer em excesso e incluindo especiarias digestivas como o gengibre, os cominhos e o funcho na dieta.

Para as mulheres que lidam com desequilíbrios hormonais específicos, como a síndrome dos ovários poliquísticos (SOP) ou a endometriose, a Ayurveda oferece abordagens adaptadas. Estas envolvem frequentemente uma combinação de alterações alimentares, remédios à base de plantas e modificações do estilo de vida concebidas para tratar as causas profundas do desequilíbrio, em vez de se limitarem a gerir os sintomas.

Ao concluirmos este capítulo sobre a saúde da mulher, é importante sublinhar que a Ayurveda oferece uma abordagem abrangente e personalizada ao bem-estar, que pode ser adaptada às necessidades únicas e à fase de vida de cada mulher. Ao incorporar os princípios ayurvédicos na vida quotidiana, as mulheres podem cultivar um maior equilíbrio, vitalidade e bem-estar geral.

No próximo capítulo, vamos explorar como a sabedoria Ayurvédica pode ser aplicada à saúde dos homens, abordando preocupações específicas relacionadas com a vitalidade, força e longevidade masculinas. Tal como acontece com a saúde das mulheres, a Ayurveda oferece uma perspetiva holística sobre o bem-estar dos homens que vai além da mera gestão dos sintomas para promover uma saúde verdadeira e duradoura.

15. Saúde do homem: Práticas Ayurvédicas para a Vitalidade e Força

Com base nos fundamentos estabelecidos no capítulo anterior sobre a saúde das mulheres, voltamos agora a nossa atenção para as necessidades únicas dos homens na prática Ayurvédica. A saúde masculina é um aspeto crucial do bem-estar geral, e a Ayurveda oferece uma riqueza de sabedoria para apoiar a vitalidade, a força e o equilíbrio ao longo da vida de um homem.

Na filosofia Ayurvédica, a saúde dos homens está intrinsecamente ligada ao equilíbrio dos doshas, com especial ênfase em Pitta e Vata. O corpo masculino é geralmente considerado como sendo mais dominante em Pitta, o que contribui para qualidades como a ambição, a competitividade e a força física. No entanto, esta dominância Pitta também pode levar a problemas como a raiva, a irritabilidade e a inflamação, se não for controlada.

O conceito de ojas, ou essência vital, desempenha um papel importante na saúde dos homens, segundo a Ayurveda. Ojas é considerado o produto final da digestão e do metabolismo, representando a imunidade, o vigor e a vitalidade do corpo. Para os homens, manter um ojas forte é crucial para a saúde geral, a vitalidade sexual e a longevidade. As práticas que melhoram ojas, como a nutrição adequada, o descanso adequado e a gestão do stress, são, por isso, fundamentais para as abordagens ayurvédicas à saúde dos homens.

Quando se trata do equilíbrio hormonal nos homens, a Ayurveda adopta uma abordagem holística. Ao contrário da medicina ocidental, que muitas vezes se concentra apenas nos níveis de testosterona, a Ayurveda considera a interação de vários sistemas e energias corporais. O sistema endócrino, que produz e regula as hormonas, está intimamente ligado ao sistema de chakras no pensamento ayurvédico. Para os homens, o chakra svadhisthana (localizado na parte inferior do abdómen) e o chakra manipura (localizado no plexo solar) são particularmente importantes para o equilíbrio hormonal e a vitalidade.

Para apoiar o equilíbrio hormonal, a Ayurveda recomenda uma combinação de ajustes na dieta, suplementos de ervas e práticas de estilo de vida. Os alimentos considerados benéficos para a saúde hormonal masculina incluem as amêndoas, as nozes, as sementes de abóbora e os espargos. Estes alimentos são ricos em nutrientes que apoiam a produção de testosterona e a função endócrina geral. Ervas como ashwagandha, shatavari e gokshura são frequentemente prescritas para aumentar a vitalidade masculina e o equilíbrio hormonal.

Para além da dieta e das ervas, a Ayurveda sublinha a importância do exercício regular para a saúde dos homens. A atividade física não só ajuda a equilibrar os doshas, como também apoia a produção de hormonas e a circulação. Os asanas do ioga que são particularmente benéficos para os homens incluem a postura dos ombros (sarvangasana), que se acredita estimular a glândula tiroide, e a postura do arco (dhanurasana), que pode ajudar a equilibrar o chakra svadhisthana.

A energia e a resistência são preocupações fundamentais para muitos homens, especialmente à medida que envelhecem. A Ayurveda oferece inúmeras estratégias para melhorar estes aspectos vitais da saúde. Uma das principais abordagens ayurvédicas para aumentar a energia é através do conceito de "agni", ou fogo digestivo. Acredita-se que um agni forte é essencial para a conversão eficiente dos alimentos em energia e para a eliminação correta dos resíduos.

Para melhorar o agni e aumentar a energia, a Ayurveda recomenda o consumo de alimentos quentes e de fácil digestão e evita alimentos pesados, frios ou crus que possam atenuar o fogo digestivo. Especiarias como o gengibre, a pimenta preta e os cominhos são consideradas excelentes para estimular o agni. Além disso, a prática do jejum intermitente, que se alinha com o princípio ayurvédico de dar ao sistema digestivo períodos regulares de descanso, tem demonstrado aumentar os níveis de energia e melhorar a saúde geral.

Para os homens que procuram aumentar a resistência, a Ayurveda oferece uma gama de soluções naturais. A prática de pranayama, ou controlo da respiração, é considerada particularmente eficaz. Técnicas como a bhastrika (respiração com fole) e a anulom vilom (respiração com narinas alternadas) podem ajudar a aumentar o consumo de oxigénio, melhorar a capacidade pulmonar e aumentar os níveis gerais de energia. A prática regular destes exercícios de respiração pode levar a melhorias significativas na resistência e na resistência.

Os suplementos de ervas também desempenham um papel importante no aumento da energia e da resistência. As ervas adaptogénicas, como a ashwagandha e a rhodiola, são frequentemente recomendadas pela sua capacidade de ajudar o corpo a adaptar-se ao stress e a aumentar a resiliência geral. Estas ervas funcionam apoiando as glândulas supra-renais e ajudando a regular os níveis de cortisol, o que pode ter um impacto positivo na energia e na resistência.

A saúde da próstata é outro aspeto crucial da saúde do homem que a Ayurveda aborda. À medida que os homens envelhecem, aumenta o risco de problemas da próstata, incluindo a hiperplasia benigna da próstata (HBP) e o cancro da próstata. A Ayurveda considera que os problemas da próstata são principalmente um desequilíbrio de Vata, muitas vezes exacerbado pelo excesso de Pitta.

Para apoiar a saúde da próstata, a Ayurveda recomenda uma dieta rica em antioxidantes e alimentos anti-inflamatórios. As sementes de abóbora, ricas em zinco e ácidos gordos ómega 3, são consideradas particularmente benéficas para a próstata. O tomate, que contém licopeno, é também recomendado pelos seus potenciais efeitos protectores contra o cancro da próstata. Os remédios à base de plantas, como o saw palmetto e o pygeum, são frequentemente utilizados na prática ayurvédica para apoiar a saúde da próstata e aliviar os sintomas da HBP.

Para além das intervenções dietéticas e à base de plantas, a Ayurveda sublinha a importância do exercício regular e da gestão do stress para a saúde da próstata. Os exercícios de Kegel, que fortalecem os músculos do pavimento pélvico, são recomendados para melhorar a função da próstata e o controlo urinário. As técnicas de redução do stress, como a meditação e o ioga, podem ajudar a equilibrar Vata e a reduzir a inflamação, dois factores benéficos para a saúde da próstata.

A vitalidade sexual é uma parte integrante da saúde masculina na filosofia ayurvédica. Ao contrário de algumas abordagens ocidentais que tratam a saúde sexual como algo separado do bem-estar geral, a Ayurveda vê a vitalidade sexual como um reflexo da saúde e do equilíbrio geral de uma pessoa. O conceito de "ojas", mencionado anteriormente, está intimamente ligado à vitalidade sexual no pensamento ayurvédico.

Para aumentar a vitalidade sexual, a Ayurveda recomenda uma abordagem multifacetada que inclui dieta, ervas, exercício e gestão do stress. Os alimentos considerados afrodisíacos na Ayurveda incluem as amêndoas, as tâmaras e o açafrão. Acredita-se que estes alimentos nutrem os tecidos reprodutivos e aumentam a vitalidade geral. Ervas como ashwagandha, kapikacchu e shilajit são frequentemente prescritas para aumentar a libido e melhorar a função sexual.

A prática regular de ioga, em particular as asanas que incidem sobre a região pélvica, pode ajudar a melhorar o fluxo sanguíneo para os órgãos reprodutores e a aumentar a vitalidade sexual. Poses como a da cobra (bhujangasana) e a da borboleta (baddha konasana) são particularmente recomendadas para este efeito.

A gestão do stress é outro aspeto crucial para manter a vitalidade sexual de acordo com a Ayurveda. O stress crónico pode levar a desequilíbrios nos doshas, particularmente Vata, que podem ter um impacto negativo na função sexual. Práticas como a meditação, o pranayama e a massagem regular com óleos quentes (abhyanga) podem ajudar a reduzir o stress e promover o equilíbrio geral, apoiando assim a saúde sexual.

É importante notar que, embora a Ayurveda ofereça muitas abordagens naturais para melhorar a saúde dos homens, estas não devem ser vistas como substitutos de check-ups e exames médicos regulares. As práticas ayurvédicas podem complementar os cuidados médicos ocidentais, mas os problemas de saúde graves devem ser sempre abordados com um profissional de saúde qualificado.

Ao concluirmos este capítulo sobre a saúde do homem, fica claro que a Ayurveda oferece uma abordagem abrangente e holística para apoiar a vitalidade, a força e o equilíbrio dos homens. Ao abordar a saúde hormonal, a energia e a resistência, a saúde da próstata e a vitalidade sexual através de ajustes na dieta, remédios à base de plantas, exercício e técnicas de gestão do stress, a Ayurveda fornece um roteiro para os homens alcançarem uma saúde óptima em todas as fases da vida.

No próximo capítulo, iremos explorar a forma como os princípios ayurvédicos podem ser aplicados para apoiar a saúde e o bem-estar das crianças. Tal como os homens têm necessidades de saúde únicas, as crianças requerem considerações específicas nos seus cuidados ayurvédicos. Iremos aprofundar a forma de determinar o dosha de uma criança, fornecer uma nutrição adequada para corpos em crescimento e oferecer remédios naturais para doenças comuns da infância. Esta exploração da Ayurveda para crianças demonstrará ainda mais a adaptabilidade e a natureza abrangente deste antigo sistema de cura.

16. Ayurveda para crianças: Criar hábitos saudáveis desde a mais tenra idade

Ao passarmos da discussão sobre a saúde dos homens, vamos agora voltar a nossa atenção para a geração mais jovem e explorar a forma como os princípios ayurvédicos podem ser aplicados para criar hábitos saudáveis nas crianças desde tenra idade. A sabedoria milenar da Ayurveda oferece conhecimentos valiosos para criar crianças equilibradas, vibrantes e resistentes no mundo acelerado de hoje.

Determinar o dosha de uma criança é o primeiro passo para aplicar os princípios ayurvédicos aos seus cuidados. Tal como acontece com os adultos, as crianças nascem com uma combinação única de doshas que influencia as suas caraterísticas físicas, mentais e emocionais. No entanto, é importante notar que o dosha de uma criança pode ser mais fluido e mutável do que o de um adulto, uma vez que ainda se encontra em processo de crescimento e desenvolvimento.

Para determinar o dosha dominante de uma criança, os pais e os prestadores de cuidados devem observar as suas caraterísticas físicas, temperamento e padrões de comportamento. Uma criança com dosha dominante Vata, por exemplo, pode ser magra e magra, com tendência para movimentos rápidos e uma imaginação vívida. Podem ser facilmente excitáveis e propensas a ansiedade ou inquietação. As crianças com predominância Pitta, por outro lado, têm frequentemente uma constituição média, pele clara que se queima facilmente e um intelecto aguçado. Tendem a ser competitivas, ambiciosas e podem ter um temperamento explosivo quando em desequilíbrio. As crianças Kapha são tipicamente de constituição robusta, com pele lisa e cabelo espesso. São frequentemente calmas, pacientes e descontraídas, mas podem tornar-se teimosas ou letárgicas quando em desequilíbrio.

É crucial lembrar que a maioria das crianças, tal como os adultos, são uma combinação de doshas, com um ou dois a serem mais proeminentes. "Compreender a prakriti (constituição) de uma criança é como ter um roteiro para a sua saúde e bem-estar. Permite-nos adaptar a nossa abordagem às suas necessidades únicas, promovendo o equilíbrio e prevenindo os desequilíbrios antes que eles ocorram."

Uma vez identificado o dosha dominante da criança, os pais podem começar a implementar os princípios da nutrição ayurvédica adaptados à constituição da criança. A Ayurveda realça a importância de fornecer ao corpo em crescimento refeições nutritivas e equilibradas que apoiem o seu dosha e a sua saúde geral.

Para as crianças Vata, que tendem a ter apetites variáveis e podem ser propensas a problemas digestivos, são recomendados alimentos quentes, húmidos e de fácil digestão. As sopas, os guisados e os cereais cozinhados com ghee podem ser particularmente benéficos. Os sabores doce, azedo e salgado ajudam a equilibrar Vata, pelo que a incorporação de alimentos como batata doce, bagas e queijos suaves pode ser útil.

As crianças Pitta têm frequentemente um apetite forte e uma digestão rápida. Beneficiam de alimentos refrescantes, doces e amargos que ajudam a equilibrar a sua natureza ardente. Frutas frescas, legumes, cereais integrais e especiarias suaves são excelentes escolhas. É importante evitar o excesso de alimentos picantes, azedos ou salgados, que podem agravar o Pitta.

Para as crianças Kapha, que podem ter uma digestão mais lenta e uma tendência para ganhar peso, recomendam-se alimentos leves, quentes e picantes. Dar ênfase aos sabores amargo, pungente e adstringente pode ajudar a equilibrar a sua constituição. Uma grande quantidade de vegetais, legumes e cereais integrais, juntamente com quantidades moderadas de proteínas magras, podem apoiar a sua saúde.

Independentemente do dosha da criança, a Ayurveda enfatiza a importância de alimentos frescos e integrais e desencoraja o consumo de alimentos processados ou artificiais. "A comida que damos aos nossos filhos não é apenas combustível para os seus corpos, mas os blocos de construção para a sua saúde futura. Ao fornecer-lhes alimentos nutritivos e adequados ao dosha, estamos a preparar o terreno para uma vida inteira de bem-estar."

Para além de uma nutrição adequada, a Ayurveda oferece uma grande variedade de remédios naturais para as doenças comuns da infância. Estas abordagens suaves e holísticas podem ser particularmente benéficas para as crianças, cujos corpos em desenvolvimento podem ser mais sensíveis a medicamentos fortes.

Para as constipações e a congestão, um problema comum nas crianças, a Ayurveda recomenda uma variedade de remédios naturais. Uma mistura de mel e gengibre pode ajudar a aliviar as dores de garganta e aumentar a imunidade. Para a congestão nasal, algumas gotas de ghee quente ou óleo de sésamo em cada narina podem proporcionar alívio. A inalação de vapor com óleo de eucalipto ou de hortelã-pimenta também pode ajudar a desobstruir as vias respiratórias congestionadas.

Os problemas digestivos, outra preocupação frequente nas crianças, podem muitas vezes ser tratados através de métodos ayurvédicos. Para as perturbações do estômago, um chá feito de sementes de cominhos, coentros e funcho pode ser calmante e ajudar a digestão. Para a obstipação, uma pequena quantidade de ghee misturada com leite morno antes de deitar pode ajudar a promover movimentos intestinais regulares.

Os problemas de sono, que afectam muitas crianças, também podem ser resolvidos através de práticas ayurvédicas. É fundamental estabelecer uma rotina consistente para a hora de deitar. Esta pode incluir um banho quente com óleo de lavanda, uma massagem suave com óleo de sésamo e uma chávena de leite quente com uma pitada de noz-moscada. Para as crianças Vata com tendência para a agitação, algumas gotas de óleo de brahmi massajadas nas plantas dos pés podem ter um efeito calmante.

É importante notar que, embora estes remédios possam ser eficazes, devem ser utilizados sob a orientação de um médico ayurvédico qualificado, especialmente para crianças muito pequenas. "Os remédios ayurvédicos para crianças devem ser suaves e adequados à sua idade e constituição. O que funciona para um adulto pode ser demasiado forte para uma criança, pelo que a orientação profissional é fundamental."

A Ayurveda também sublinha a importância de estabelecer rotinas diárias saudáveis, ou dinacharya, para as crianças. Estas rotinas podem ajudar a equilibrar os seus doshas e a promover o bem-estar geral. Para todas as crianças, independentemente do seu dosha dominante, começar o dia com uma massagem suave com óleo quente pode ser calmante e enraizante. Esta prática, conhecida como abhyanga, pode ajudar a melhorar a circulação, acalmar o sistema nervoso e promover um sono melhor.

Incentivar a atividade física regular é outro aspeto crucial dos cuidados infantis ayurvédicos. Para as crianças Vata, que podem ser propensas à ansiedade ou à inquietação, actividades calmantes como o ioga ou o tai chi podem ser benéficas. As crianças Pitta destacam-se frequentemente em desportos competitivos, mas podem precisar de ser lembradas para evitar o excesso de esforço. As crianças Kapha beneficiam de exercício físico regular e vigoroso para manter um peso saudável e aumentar o metabolismo.

A Ayurveda também reconhece a importância do bem-estar mental e emocional das crianças. Práticas como a meditação e o pranayama (exercícios respiratórios) podem ser introduzidas de forma adequada à idade para ajudar as crianças a gerir o stress e as emoções. Para as crianças mais pequenas, isto pode assumir a forma de exercícios simples de atenção plena, como concentrar-se na respiração ou praticar a gratidão. À medida que vão crescendo, podem ser introduzidas práticas de meditação mais estruturadas.

É de salientar que a Ayurveda considera a infância como um período de vida predominantemente Kapha, caracterizado pelo crescimento, desenvolvimento e construção de tecidos. Este entendimento informa muitas recomendações ayurvédicas para crianças, enfatizando a importância do equilíbrio e da moderação em todas as coisas.

Ao concluirmos este capítulo sobre a Ayurveda para crianças, é evidente que este antigo sistema de medicina oferece uma grande quantidade de sabedoria para nutrir crianças saudáveis e equilibradas. Ao compreenderem a constituição única da criança, ao fornecerem uma alimentação adequada, ao utilizarem remédios naturais suaves e ao estabelecerem rotinas saudáveis, os pais e os prestadores de cuidados podem lançar as bases para uma vida inteira de bem-estar.

À medida que avançamos, vamos explorar a forma como os princípios ayurvédicos podem ser aplicados noutra área crucial da vida moderna: o local de trabalho. Compreender como equilibrar as exigências da carreira com o bem-estar pessoal é essencial para manter a saúde e a felicidade no mundo acelerado de hoje.

17. Ayurveda no local de trabalho: Equilíbrio entre carreira e bem-estar

Com base nos princípios da Ayurveda discutidos nos capítulos anteriores, voltamos agora a nossa atenção para a aplicação destes ensinamentos da sabedoria antiga no local de trabalho moderno. O ambiente profissional contemporâneo apresenta muitas vezes desafios únicos para manter o equilíbrio e o bem-estar. Longas horas de trabalho, trabalho sedentário, iluminação artificial e situações de elevado stress podem contribuir para desequilíbrios dóshicos e subsequentes problemas de saúde. No entanto, ao implementar práticas ayurvédicas na nossa vida profissional, podemos criar harmonia entre as nossas aspirações profissionais e o nosso bem-estar geral.

Criar um ambiente de trabalho amigo da Ayurveda é o primeiro passo para alcançar este equilíbrio. O espaço físico em que passamos uma parte significativa do nosso dia tem um impacto profundo nos nossos estados mental, emocional e físico. De acordo com os princípios ayurvédicos, o ambiente que nos rodeia deve apoiar o nosso dosha dominante e, ao mesmo tempo, fornecer elementos que equilibrem quaisquer excessos. Para quem tem um dosha Vata predominante, que tende a distrair-se facilmente e a ser propenso à ansiedade, é essencial um espaço de trabalho calmo e enraizado. Isto pode ser conseguido através da incorporação de cores quentes e terrosas, como vermelhos profundos, laranjas e castanhos na decoração. Os materiais naturais, como a madeira e a pedra, podem proporcionar uma sensação de estabilidade, enquanto os assentos macios e confortáveis podem ajudar os tipos Vata a sentirem-se mais seguros e centrados.

Os indivíduos com predominância Pitta, por outro lado, beneficiam de um ambiente fresco e calmante que ajuda a temperar a sua natureza naturalmente ardente. Os tons de azul, verde e púrpura podem ter um efeito calmante sobre a concentração e o dinamismo intensos de Pitta. Incorporar plantas ou imagens da natureza pode ajudar a reduzir o stress e promover uma sensação de tranquilidade. Também é importante que os tipos Pitta tenham uma boa ventilação no seu espaço de trabalho, uma vez que tendem a ficar quentes e podem tornar-se irritáveis em ambientes abafados.

Para aqueles com dominância Kapha, que são propensos à letargia e à resistência à mudança, um ambiente de trabalho estimulante é fundamental. Cores brilhantes e energizantes, como os amarelos e os laranjas, podem ajudar a combater a tendência de Kapha para a lentidão. Um espaço aberto e arejado com muita luz natural pode promover o estado de alerta e a motivação. Secretárias de pé ou cadeiras com bolas de equilíbrio podem incentivar o movimento ao longo do dia, o que é particularmente benéfico para os tipos de Kapha. Independentemente do dosha dominante de cada um, todos os indivíduos podem beneficiar de certos princípios ayurvédicos no local de trabalho. A iluminação natural, por exemplo, é preferível às luzes fluorescentes fortes, que podem perturbar os nossos ritmos circadianos naturais e provocar cansaço visual e dores de cabeça. Se a luz natural for limitada, as lâmpadas de espetro total podem ser uma boa alternativa. Os purificadores de ar ou os difusores de óleos essenciais podem ajudar a limpar o ar e a promover uma sensação de bem-estar. A aromaterapia, em particular, pode ser uma ferramenta poderosa no local de trabalho. Aromas como a hortelã-pimenta e o limão podem aumentar a concentração e a atenção, enquanto a lavanda e o sândalo podem reduzir o stress e promover a calma.

O conceito de ergonomia alinha-se bem com os princípios ayurvédicos de equilíbrio e harmonia. Assegurar que a secretária, a cadeira e o computador estão corretamente alinhados pode evitar o esforço físico e promover um melhor fluxo de energia em todo o corpo. Pausas regulares para se esticar e movimentar são essenciais para todos os doshas, mas particularmente para os tipos Vata e Kapha, que podem ter tendência para a rigidez e a lentidão, respetivamente.

Para além do ambiente físico, os princípios ayurvédicos podem ser aplicados aos nossos hábitos e rotinas de trabalho. Um dos aspectos mais importantes é alinhar o nosso horário de trabalho com os nossos ritmos circadianos naturais e tendências doshicas. Na Ayurveda, as diferentes alturas do dia estão associadas a diferentes doshas, e compreender isto pode ajudar-nos a otimizar a nossa produtividade e bem-estar.

As primeiras horas da manhã, entre as 6 e as 10 horas, estão associadas à energia Kapha. Esta é a altura ideal para um trabalho firme e concentrado que exija concentração e perseverança. Para muitos, esta é a altura do dia mais produtiva para lidar com tarefas complexas ou projectos que exijam uma reflexão profunda. As horas do meio-dia, das 10 às 14 horas, são dominadas pela energia Pitta. É uma boa altura para trabalhos activos e dinâmicos que exijam determinação e uma comunicação clara. Muitos consideram que esta é a altura ideal para reuniões, apresentações ou negociações.

A tarde, aproximadamente das 14h00 às 18h00, assiste-se ao regresso da energia de Vata. Esta pode ser uma altura difícil para o foco e a concentração, uma vez que a natureza inquieta de Vata pode levar à distração ou à fadiga. No entanto, também pode ser uma altura excelente para trabalho criativo, brainstorming ou tarefas que exijam flexibilidade e adaptabilidade. Compreender estes ritmos naturais pode ajudar-nos a programar o nosso dia de trabalho de forma mais eficaz, alinhando as nossas tarefas mais exigentes com as alturas em que estamos naturalmente mais preparados para as realizar.

As técnicas de gestão do stress são cruciais no local de trabalho moderno, e a Ayurveda oferece uma grande variedade de práticas para ajudar a manter o equilíbrio sob pressão. Uma das ferramentas mais poderosas do arsenal ayurvédico de gestão do stress é o pranayama, ou controlo da respiração. Exercícios de respiração simples podem ser feitos discretamente na sua secretária e podem ter um impacto profundo nos seus níveis de stress e clareza mental.

Para os tipos Vata, que são propensos à ansiedade e ao pensamento disperso, a respiração alternada das narinas (Nadi Shodhana) pode ser particularmente benéfica. Esta prática envolve respirar alternadamente através de cada narina, o que ajuda a equilibrar os hemisférios esquerdo e direito do cérebro e promove uma sensação de calma e concentração. Os tipos Pitta, que podem lutar contra a irritabilidade e a impaciência, podem beneficiar de práticas de respiração refrescante como o Sitali pranayama, em que o ar é aspirado através de uma língua enrolada. Isto tem um efeito refrescante no corpo e na mente, ajudando a temperar a natureza ardente de Pitta. Para os tipos Kapha, que podem lutar contra a letargia e o torpor, práticas de respiração energizantes como Bhastrika (respiração com fole) podem ajudar a revigorar a mente e o corpo.

A meditação é outra ferramenta ayurvédica poderosa que pode ser incorporada no dia de trabalho. Mesmo alguns minutos de meditação durante a pausa para o almoço ou entre reuniões podem ajudar a reiniciar a mente e a reduzir o stress. Para os principiantes na meditação, uma simples prática de atenção plena, concentrando-se na respiração, pode ser um excelente ponto de partida. Os praticantes mais avançados podem explorar a meditação com mantras ou técnicas de visualização.

O movimento físico é também crucial para manter o equilíbrio no local de trabalho, especialmente para as pessoas com empregos sedentários. Os alongamentos regulares ou uma curta sequência de ioga podem ajudar a contrariar os efeitos de estar sentado durante longos períodos. Mesmo as práticas mais simples, como rodar os pulsos e os tornozelos ou enrolar o pescoço, podem ajudar a evitar a rigidez e a promover o fluxo de energia. Para quem tem mais flexibilidade no seu ambiente de trabalho, as secretárias de pé ou as secretárias com passadeira podem ser excelentes opções para incorporar mais movimento no dia de trabalho.

Os princípios ayurvédicos também podem ser aplicados aos nossos hábitos alimentares no trabalho. Nos nossos ambientes de trabalho de ritmo acelerado, é demasiado fácil cair na armadilha de comer apressadamente e sem pensar. No entanto, de uma perspetiva ayurvédica, a forma como comemos é tão importante como o que comemos. Tirar tempo para uma pausa adequada para o almoço, longe das nossas secretárias, permite-nos comer com atenção e ajuda a uma digestão adequada. A escolha de alimentos que equilibram o nosso dosha dominante pode ajudar a manter os níveis de energia e a clareza mental durante todo o dia de trabalho.

Para os tipos Vata, os alimentos quentes e energéticos, como sopas, guisados e cereais cozinhados, podem ajudar a contrariar a sua tendência para a ansiedade e a distração. Os tipos Pitta beneficiam de alimentos refrescantes e doces, como frutas e legumes frescos, que podem ajudar a equilibrar a sua natureza ardente. Os tipos Kapha dão-se bem com alimentos leves e picantes que estimulam o seu metabolismo naturalmente lento. Independentemente do dosha, é importante manter-se hidratado ao longo do dia. Beber água morna ou chás de ervas pode ajudar a digestão e a eliminar as toxinas do corpo.

O conceito de equilíbrio entre a vida profissional e pessoal é fundamental para a filosofia ayurvédica, que enfatiza a importância da harmonia em todos os aspectos da vida. No nosso mundo moderno, sempre ligado, pode ser um desafio manter fronteiras claras entre a vida profissional e pessoal. No entanto, do ponto de vista da Ayurveda, este equilíbrio é crucial para a saúde e o bem-estar a longo prazo.

Uma forma de promover o equilíbrio entre a vida profissional e pessoal é estabelecer rotinas e limites claros. Isto pode implicar a definição de horários de trabalho específicos e o seu cumprimento, mesmo quando se trabalha a partir de casa. É importante criar rituais de transição que nos ajudem a passar do modo de trabalho para o modo pessoal. Isto pode ser tão simples como mudar de roupa, dar um pequeno passeio ou fazer uma breve prática de meditação no final do dia de trabalho.

Outro aspeto importante do equilíbrio entre a vida profissional e a vida pessoal é garantir que estamos envolvidos em actividades que nutrem todos os aspectos do nosso ser. Embora o nosso trabalho possa satisfazer as nossas necessidades intelectuais ou financeiras, é importante também reservar tempo para actividades que nos alimentem emocional, física e espiritualmente. Isto pode envolver a prática regular de exercício físico, a procura de passatempos criativos, passar tempo na natureza ou cultivar relações significativas.

Numa perspetiva ayurvédica, também é importante alinhar as nossas escolhas profissionais com as nossas tendências e capacidades naturais. Embora isto nem sempre seja possível a curto prazo, a longo prazo, encontrar um trabalho que se alinhe com as nossas qualidades inatas pode levar a uma maior satisfação e menos stress. Os tipos Vata prosperam frequentemente em ambientes de trabalho criativos ou variáveis, enquanto os tipos Pitta se destacam em funções de liderança ou em campos que exigem precisão e concentração. Os tipos Kapha tendem a dar-se bem em profissões estáveis e estimulantes.

Em última análise, o objetivo da integração das práticas ayurvédicas na nossa vida profissional é criar um estado de equilíbrio e harmonia que nos permita ser produtivos e bem sucedidos nas nossas carreiras sem sacrificar a nossa saúde e bem-estar. Ao criar ambientes de trabalho favoráveis, gerir eficazmente o stress, manter rotinas saudáveis e procurar o equilíbrio entre a vida profissional e pessoal, podemos enfrentar os desafios do local de trabalho moderno, mantendo-nos fiéis à sabedoria intemporal da Ayurveda.

À medida que avançamos, é importante lembrar que a implementação destas mudanças é um processo gradual. Pequenos e consistentes passos em direção a uma vida profissional mais ayurvédica podem levar a melhorias significativas ao longo do tempo. No próximo capítulo, vamos explorar a forma de alargar estes princípios para além do local de trabalho, criando um ambiente doméstico ayurvédico que apoie a saúde e o bem-estar geral.

18. Ayurvedic Home Remedies: Soluções naturais para doenças comuns

Ao passarmos da discussão sobre a integração da Ayurveda no local de trabalho, vamos agora explorar as aplicações práticas da sabedoria ayurvédica na nossa vida quotidiana através dos remédios caseiros. Os remédios caseiros ayurvédicos são utilizados há milhares de anos para tratar doenças comuns e promover o bem-estar geral. Estas soluções naturais oferecem uma abordagem holística da saúde, tratando não só os sintomas, mas também as causas profundas de várias doenças.

O tratamento de constipações e gripes com a Ayurveda é uma tradição consagrada pelo tempo que dá ênfase ao reforço das defesas naturais do organismo em vez de se limitar a suprimir os sintomas. Na filosofia ayurvédica, as constipações e a gripe são frequentemente vistas como o resultado de um desequilíbrio dos doshas, particularmente um excesso de Kapha dosha. Para resolver este problema, a Ayurveda recomenda uma combinação de ajustamentos dietéticos, remédios à base de plantas e práticas de estilo de vida.

Um dos remédios ayurvédicos mais populares para constipações e gripes é uma mistura conhecida como "kadha". Esta bebida potente é feita fervendo uma mistura de ervas e especiarias em água até reduzir para metade do seu volume original. Uma receita típica de kadha pode incluir gengibre, tulsi (manjericão sagrado), pimenta preta, canela e mel. Cada um destes ingredientes desempenha um papel específico no combate aos sintomas de constipações e gripes. O gengibre, por exemplo, é conhecido pelas suas propriedades anti-inflamatórias e expectorantes, ajudando a limpar a congestão e a aliviar as dores de garganta. O tulsi, venerado como uma planta sagrada na Índia, é um poderoso adaptogénio que reforça o sistema imunitário e ajuda o corpo a lidar com o stress.

"As ervas ayurvédicas funcionam em sinergia com os mecanismos de cura do próprio corpo. Não se limitam a mascarar os sintomas, mas ajudam a restabelecer o equilíbrio de todo o sistema." Esta abordagem holística é o que distingue os remédios ayurvédicos dos medicamentos convencionais de venda livre.

Para além das misturas de ervas, a Ayurveda também recomenda orientações dietéticas específicas durante os períodos de doença. São preferidos alimentos leves e de fácil digestão, uma vez que não sobrecarregam o sistema digestivo, permitindo que o corpo direccione mais energia para a cura. As sopas quentes, particularmente as feitas com ingredientes que reforçam o sistema imunitário, como o alho, a cebola e a curcuma, são altamente recomendadas. Estes alimentos não só fornecem nutrição, como também ajudam a limpar a congestão e a reforçar as defesas naturais do corpo.

Outra pedra angular do tratamento ayurvédico da constipação e da gripe é a prática de nasya, ou administração nasal de óleos medicamentosos. Esta técnica consiste em colocar em cada narina algumas gotas de óleo de ervas quente, como o óleo de eucalipto ou de sésamo com infusão de ervas. O Nasya ajuda a lubrificar as passagens nasais, a desobstruir os seios nasais e até a acalmar a mente. É particularmente eficaz para aliviar as dores de cabeça associadas à congestão dos seios nasais.

Para além das constipações e da gripe, a Ayurveda oferece uma grande variedade de técnicas naturais de gestão da dor que podem ser facilmente aplicadas em casa. Ao contrário dos analgésicos convencionais, que muitas vezes têm efeitos secundários indesejáveis, as abordagens ayurvédicas ao tratamento da dor têm como objetivo tratar as causas subjacentes do desconforto, ao mesmo tempo que proporcionam alívio.

Um dos remédios ayurvédicos mais versáteis para a dor é a aplicação de óleos medicinais. São recomendados diferentes óleos para diferentes tipos de dor, com base no dosha dominante envolvido. Por exemplo, para as dores musculares associadas ao excesso de Vata dosha (frequentemente caracterizadas por uma qualidade fria e seca), são recomendados óleos aquecedores como o óleo de sésamo ou de mostarda. Estes óleos podem ser infundidos com ervas que aliviam a dor, como ashwagandha ou gengibre, para aumentar a sua eficácia.

"Na Ayurveda, não temos uma abordagem única para o tratamento da dor. O remédio deve corresponder à constituição do indivíduo e à natureza da dor." Esta abordagem personalizada garante que o tratamento não só alivia a dor, mas também aborda quaisquer desequilíbrios subjacentes que possam estar a contribuir para o desconforto.

Para as dores de cabeça, que são frequentemente atribuídas a um desequilíbrio do Pitta dosha, a Ayurveda recomenda remédios refrescantes. Um tratamento simples mas eficaz é a aplicação de uma pasta feita de pó de sândalo e água de rosas na testa. Isto não só ajuda a aliviar a dor, como também tem um efeito calmante na mente. Outro remédio popular é a prática de shirodhara, em que um fluxo constante de óleo frio é derramado sobre a testa. Esta técnica é particularmente eficaz para dores de cabeça tensionais e enxaquecas.

A dor nas articulações, uma queixa comum, especialmente à medida que envelhecemos, é frequentemente abordada na Ayurveda através de uma combinação de tratamentos internos e externos. A nível interno, ervas como a Boswellia (incenso indiano) e o Guggulu são conhecidas pelas suas propriedades anti-inflamatórias. Estas podem ser tomadas sob a forma de suplementos ou incorporadas na dieta. A nível externo, as massagens com óleos medicinais quentes podem ajudar a melhorar a circulação e a reduzir a rigidez das articulações.

É importante notar que, embora estas técnicas ayurvédicas de gestão da dor possam ser altamente eficazes, não devem ser vistas como um substituto dos cuidados médicos profissionais, especialmente em casos de dor grave ou crónica. Pelo contrário, podem ser terapias complementares valiosas que apoiam a saúde e o bem-estar geral.

Um aspeto essencial dos cuidados domiciliários ayurvédicos é ter um estojo de primeiros socorros ayurvédico bem abastecido. Ao contrário dos kits de primeiros socorros convencionais que se concentram principalmente no tratamento de lesões, um kit ayurvédico é concebido para tratar uma vasta gama de doenças comuns e promover a saúde geral. Alguns artigos essenciais a incluir num estojo de primeiros socorros ayurvédico são:

Triphala: Esta poderosa mistura de ervas de três frutos (amalaki, bibhitaki e haritaki) é uma pedra angular da medicina ayurvédica. É conhecida pela sua capacidade de limpar suavemente o sistema digestivo, apoiar a eliminação regular e aumentar a imunidade geral.

Açafrão-da-terra: Muitas vezes referida como a "especiaria dourada" da Ayurveda, a curcuma é um potente anti-inflamatório e antioxidante. Pode ser utilizada tanto interna como externamente para uma variedade de condições, desde problemas digestivos a problemas de pele.

Neem: Conhecido pelas suas poderosas propriedades antimicrobianas, o neem pode ser utilizado em várias formas (óleo, pó ou folhas) para tratar problemas de pele, aumentar a imunidade e até como repelente natural de insectos.

Gel de aloé vera: Este gel calmante é excelente para tratar pequenas queimaduras, cortes e irritações da pele. Também é benéfico para uso interno para apoiar a saúde digestiva.

Gengibre e mel: Estes alimentos básicos da cozinha são poderosos remédios para constipações, dores de garganta e problemas digestivos. Podem ser consumidos juntos como um chá ou utilizados separadamente em várias preparações.

Óleos essenciais: Alguns óleos essenciais como o eucalipto, a hortelã-pimenta e a alfazema podem ser utilizados para aromaterapia, massagens ou adicionados à água do banho para obter vários benefícios terapêuticos.

Ghee (manteiga clarificada): Na Ayurveda, o ghee é considerado um alimento sagrado com inúmeros benefícios para a saúde. Pode ser utilizado tanto a nível interno como externo e é particularmente benéfico para a pele seca e para promover uma digestão saudável.

O Dr. Giuseppe, Diretor Geral da Ayurveda, sublinha a importância de estar preparado: "Ter estes elementos essenciais da Ayurveda à mão permite-lhe resolver problemas de saúde comuns de forma rápida e natural, impedindo muitas vezes que se transformem em doenças mais graves."

É importante recordar que, embora estes remédios caseiros ayurvédicos e os princípios essenciais de primeiros socorros possam ser incrivelmente eficazes, devem ser utilizados com conhecimento e cuidado. A Ayurveda enfatiza a importância de compreender a própria constituição e a natureza de quaisquer desequilíbrios antes de aplicar tratamentos. É por isso que é sempre aconselhável consultar um médico ayurvédico qualificado antes de iniciar qualquer novo regime de saúde.

Além disso, a Ayurveda ensina que a verdadeira saúde não é apenas a ausência de doença, mas um estado de equilíbrio e vitalidade que permeia todos os aspectos da vida. Por conseguinte, estes remédios caseiros devem ser vistos como parte de uma abordagem mais ampla do estilo de vida que inclui uma dieta adequada, exercício regular, gestão do stress e práticas de atenção plena.

Ao concluirmos este capítulo sobre os remédios caseiros ayurvédicos, fica claro que este antigo sistema de medicina oferece uma grande variedade de soluções práticas e naturais para doenças comuns. Desde o tratamento de constipações e gripes até à gestão da dor e à criação de um kit de primeiros socorros bem abastecido, a Ayurveda fornece ferramentas que permitem aos indivíduos tomar conta da sua saúde de uma forma holística e equilibrada. À medida que avançamos para explorar o conceito de casa ayurvédica no próximo capítulo, veremos como estes princípios de equilíbrio e harmonia podem ser alargados aos nossos espaços de vida, criando ambientes que nutrem o nosso bem-estar a todos os níveis.

19. A casa ayurvédica: Criar um espaço de vida harmonioso

Ao passarmos da discussão sobre os remédios caseiros ayurvédicos, vamos explorar a forma como podemos alargar os princípios da Ayurveda aos nossos espaços de vida. O ambiente em que vivemos desempenha um papel crucial no nosso bem-estar geral e, aplicando a sabedoria ayurvédica às nossas casas, podemos criar espaços harmoniosos que apoiam a nossa saúde e equilíbrio.

A antiga ciência indiana da arquitetura e do design, conhecida como Vastu Shastra, está intimamente relacionada com os princípios ayurvédicos. O Vastu Shastra, que se traduz por "ciência da arquitetura", baseia-se na ideia de que os nossos espaços de vida podem ser concebidos para aproveitar a energia positiva e minimizar as influências negativas. Este conceito alinha-se perfeitamente com a ênfase da Ayurveda no equilíbrio e na harmonia em todos os aspectos da vida.

No centro do Vastu Shastra está a crença de que tudo no universo é composto por cinco elementos: terra, água, fogo, ar e espaço. Estes elementos correspondem aos doshas ayurvédicos, com a terra e a água relacionadas com Kapha, o fogo e a água com Pitta, e o ar e o espaço com Vata. Ao organizar os nossos espaços de vida de acordo com estes elementos, podemos criar um ambiente que apoia o nosso equilíbrio doshico individual e promove o bem-estar geral.

Um dos princípios fundamentais do Vastu Shastra é a importância do alinhamento direcional. Cada direção está associada a elementos e energias específicos. Por exemplo, o nordeste está associado à água e é considerado auspicioso para meditação e práticas espirituais. O sudeste está associado ao fogo e é ideal para a cozinha. O sudoeste está associado à terra e é mais adequado para os quartos de dormir, pois promove a estabilidade e um sono repousante.

Ao projetar ou reorganizar a sua casa de acordo com os princípios Vastu, comece por identificar as diferentes zonas do seu espaço habitacional com base nas direcções cardeais. Pode utilizar uma aplicação de bússola no seu smartphone para determinar a orientação da sua casa. Assim que tiver esta informação, pode começar a alinhar as suas divisões e mobiliário em conformidade.

Por exemplo, o ideal é que a entrada principal da sua casa esteja virada para Este ou Norte, pois estas direcções estão associadas a energia positiva e a novos começos. Se possível, coloque o seu escritório ou escritório em casa também a Este ou a Norte, pois acredita-se que estas direcções melhoram a concentração e a produtividade. A sala de estar, sendo um espaço de interação social e de relaxamento, fica melhor situada a norte ou a leste da casa.

No que diz respeito ao quarto de dormir, o Vastu Shastra recomenda que a cama seja colocada no canto sudoeste do quarto, com a cabeça virada para sul. Diz-se que esta posição promove um sono profundo e repousante e a saúde em geral. Evite colocar a cama debaixo de uma viga ou em linha direta com a porta, pois acredita-se que estas posições perturbam o fluxo de energia.

A cozinha, estando associada ao elemento fogo, está idealmente localizada no canto sudeste da casa. Quando estiver a cozinhar, fique virado para leste ou norte para se alinhar com os fluxos de energia positiva. Armazene a água na secção nordeste da cozinha e coloque os aparelhos mais pesados, como o frigorífico, na zona sudoeste.

As casas de banho, que estão associadas à água, devem estar idealmente localizadas a noroeste ou a oeste da casa. No entanto, os designs modernos das casas tornam muitas vezes difícil seguir rigorosamente estas diretrizes. Nesses casos, concentre-se em manter a casa de banho limpa e bem ventilada para manter a energia positiva.

Para além da disposição das divisões, o Vastu Shastra também realça a importância de organizar e manter a limpeza da casa. Acredita-se que a desarrumação bloqueia o fluxo de energia positiva e pode contribuir para o stress mental e emocional. A limpeza e a organização regulares não só melhoram o aspeto físico do seu espaço, como também reforçam as suas qualidades energéticas.

A utilização de materiais naturais na construção e decoração da casa é outro aspeto importante do Vastu Shastra. A madeira, a pedra, o barro e outros materiais naturais são preferidos aos sintéticos, pois acredita-se que têm melhores propriedades de condução de energia. Ao escolher o mobiliário e a decoração, opte por peças feitas de materiais naturais sempre que possível.

As cores desempenham um papel importante na Ayurveda e no Vastu Shastra, pois acredita-se que influenciam o nosso estado de espírito e os nossos níveis de energia. Cada dosha está associado a determinadas cores e, ao incorporar essas cores no seu espaço de vida, pode criar um ambiente que apoie o seu dosha dominante ou ajude a equilibrar um dosha agravado.

Para os tipos Vata, que tendem a ser propensos à ansiedade e à inquietação, são recomendadas cores calmantes como os azuis, os verdes e os tons terra. Estas cores ajudam a estabilizar a energia Vata e promovem uma sensação de estabilidade. No quarto de dormir, cores suaves e quentes, como amarelos claros ou rosas pálidos, podem criar uma atmosfera relaxante conducente a um sono repousante.

Os tipos Pitta, que são frequentemente ardentes e intensos, beneficiam de cores frias e suaves como os azuis, os verdes e os brancos. Estas cores ajudam a equilibrar o calor natural de Pitta e podem criar um ambiente calmante. Evite usar muito vermelho ou laranja brilhante em espaços dominados por Pitta, pois essas cores podem exacerbar a intensidade de Pitta.

Os tipos Kapha, que tendem a ser lentos e pesados, podem beneficiar de cores quentes e estimulantes como os vermelhos, laranjas e amarelos. Estas cores ajudam a contrariar a tendência de Kapha para a letargia e podem trazer uma sensação de calor e energia ao espaço. No entanto, use estas cores com moderação para evitar a estimulação excessiva.

Ao aplicar estes princípios de cor à sua casa, considere a possibilidade de os utilizar em cores de parede, têxteis e artigos de decoração. Não é necessário pintar divisões inteiras com estas cores; mesmo pequenos apontamentos podem ter um impacto significativo na energia de um espaço.

Criar um espaço dedicado à meditação e ao ioga em sua casa é outra forma de integrar os princípios ayurvédicos no seu ambiente de vida. Este espaço deve ser limpo, organizado e, de preferência, localizado no canto nordeste da sua casa, que está associado à espiritualidade e à sabedoria.

O seu espaço de meditação não precisa de ser grande; até um pequeno canto de uma divisão pode ser suficiente. A chave é criar uma área que pareça pacífica e separada das partes mais movimentadas da sua casa. Utilize cores calmas e materiais naturais neste espaço. Um pequeno altar com objectos significativos, velas ou plantas pode ajudar a criar uma atmosfera concentrada para a sua prática.

Ao criar o seu espaço de ioga, certifique-se de que existe espaço suficiente para se movimentar livremente. Uma boa ventilação é importante, tal como a luz natural, se possível. Mantenha os seus adereços de ioga bem organizados e facilmente acessíveis. Pode considerar utilizar uma divisória ou um biombo para separar esta área do resto da divisão, se estiver a trabalhar com um espaço polivalente.

Incorporar plantas no seu espaço de vida é outra forma de melhorar as suas qualidades ayurvédicas. As plantas não só purificam o ar como também trazem a energia curativa da natureza para a sua casa. Diferentes plantas estão associadas a diferentes doshas e podem ser utilizadas para equilibrar a energia de um espaço.

Para Vata, as plantas de ligação à terra, como os lírios da paz ou as plantas da borracha, são benéficas. Os tipos Pitta podem beneficiar de plantas refrescantes como o aloé vera ou as plantas-cobra. Os tipos Kapha dão-se bem com plantas energizantes como gerânios ou crisântemos. Coloque as plantas em áreas onde passa muito tempo, como a sala de estar ou o escritório em casa, para maximizar os seus benefícios.

A utilização de óleos essenciais e incenso é outra forma de incorporar os princípios ayurvédicos no seu ambiente doméstico. Podem ser utilizados diferentes aromas para equilibrar os doshas e criar uma atmosfera específica. Por exemplo, a lavanda e o jasmim são calmantes e podem ajudar a equilibrar Vata, enquanto a hortelã-pimenta e o eucalipto são refrescantes e podem ajudar a equilibrar Pitta. Os aromas energizantes como a canela e a bergamota podem ajudar a estimular Kapha.

Utilize estes aromas em difusores de óleo, como sprays de ambiente ou em produtos de limpeza naturais para infundir a sua casa com as suas propriedades benéficas. No entanto, tenha em atenção a utilização de aromas com moderação, uma vez que as fragrâncias demasiado fortes podem perturbar o equilíbrio do seu espaço.

A iluminação é outra consideração importante na criação de uma casa ayurvédica. A luz natural é sempre preferível, por isso tente maximizar a quantidade de luz do dia nos seus espaços de vida. Quando utilizar iluminação artificial, opte por luzes quentes e suaves em vez de luzes fluorescentes fortes. As velas podem ser utilizadas para criar uma atmosfera calmante, especialmente à noite, quando se prepara para dormir.

Em conclusão, criar uma casa ayurvédica é mais do que apenas seguir um conjunto de regras. Trata-se de cultivar um espaço que apoie o seu bem-estar geral e se alinhe com os ritmos naturais da vida. Aplicando os princípios do Vastu Shastra, utilizando cores e materiais adequados e criando espaços dedicados a práticas espirituais, pode transformar a sua casa num santuário que nutre o seu corpo, mente e espírito.

Lembre-se que estas diretrizes são flexíveis e devem ser adaptadas às suas necessidades e circunstâncias individuais. O objetivo é criar um espaço de vida que seja harmonioso e que lhe dê apoio. Ao fazer alterações no seu ambiente doméstico, preste atenção à forma como se sente no espaço. Confie na sua intuição e faça os ajustes necessários.

Criar uma casa ayurvédica é um processo contínuo e não um evento único. À medida que continua a sua viagem ayurvédica, pode descobrir que as suas necessidades e preferências mudam. Esteja aberto à evolução do seu espaço juntamente com a sua prática. Com tempo e atenção, a sua casa pode tornar-se uma ferramenta poderosa no apoio à sua saúde e bem-estar geral, servindo de base para viver um estilo de vida ayurvédico equilibrado.

Ao concluirmos a nossa exploração da casa ayurvédica, passamos naturalmente para o tema mais vasto da integração da Ayurveda na vida moderna. Embora a criação de um espaço harmonioso seja um aspeto importante da vida ayurvédica, é apenas uma peça do puzzle. No próximo capítulo, iremos explorar a forma de aplicar os princípios da Ayurveda a vários aspectos da vida contemporânea, criando uma abordagem holística ao bem-estar que aborda os desafios e as oportunidades do nosso mundo moderno.

20. Integrar a Ayurveda na vida moderna: Uma abordagem holística do bem-estar

Ao concluirmos a nossa exploração da Ayurveda e do seu profundo impacto na vida moderna, é essencial abordar a integração desta sabedoria ancestral nas práticas e estilos de vida contemporâneos. A viagem pelos princípios e aplicações da Ayurveda revelou o seu potencial para transformar a nossa abordagem à saúde e ao bem-estar. Agora, voltamos a nossa atenção para os aspectos práticos da incorporação da sabedoria ayurvédica na nossa vida quotidiana, tendo em conta os desafios e oportunidades apresentados pelo nosso mundo acelerado e orientado para a tecnologia.

Um dos desafios mais significativos na adoção das práticas ayurvédicas é conciliá-las com a medicina ocidental. Embora estes dois sistemas possam parecer contraditórios, há um reconhecimento crescente do valor da combinação dos seus pontos fortes. "O futuro da medicina basear-se-á no controlo da energia do corpo". Esta perspetiva alinha-se com a ênfase da Ayurveda no equilíbrio das energias do corpo ou doshas. Cada vez mais, os profissionais de saúde estão a reconhecer os benefícios de uma abordagem holística que considera tanto a sabedoria tradicional ayurvédica como a ciência médica moderna.

Na prática, esta integração pode implicar a consulta de um médico ayurvédico e de um médico ocidental para obter cuidados completos. Por exemplo, um doente com problemas digestivos crónicos pode receber uma receita de medicação do seu médico de clínica geral e, ao mesmo tempo, adotar os princípios dietéticos ayurvédicos e os remédios à base de plantas para tratar a causa do desequilíbrio. Esta abordagem complementar pode conduzir a resultados de saúde mais eficazes e sustentáveis.

É importante notar que a Ayurveda e a medicina ocidental não precisam de se excluir mutuamente. Muitos princípios ayurvédicos estão em consonância com as recomendações médicas actuais, como a importância de uma dieta equilibrada, exercício físico regular e gestão do stress. A chave está em encontrar um equilíbrio harmonioso entre estas abordagens, utilizando cada uma delas onde for mais eficaz e apropriada.

No entanto, a integração da Ayurveda na vida moderna vai para além dos cuidados médicos. Na nossa sociedade de ritmo acelerado, o tempo é muitas vezes visto como um recurso escasso, o que torna difícil a adoção de novas práticas ou rotinas. A chave para incorporar com sucesso os princípios ayurvédicos reside na sua adaptação ao nosso estilo de vida agitado, em vez de tentar alterar todo o nosso modo de vida de um dia para o outro.

Considere a prática de dinacharya, ou rotina diária. Embora o horário tradicional ayurvédico possa parecer assustador para quem tem um horário de trabalho exigente ou compromissos familiares, é possível incorporar elementos desta prática de forma manejável. Por exemplo, pode começar por implementar uma hora de despertar consistente e passar alguns minutos todas as manhãs a praticar a extração de óleo ou a auto-massagem. Estas pequenas mudanças podem ter um impacto significativo no bem-estar geral sem exigir uma revisão completa do estilo de vida.

Do mesmo modo, os princípios dietéticos ayurvédicos podem ser adaptados à vida moderna. Embora possa não ser viável preparar todas as refeições de raiz utilizando métodos tradicionais, é possível aplicar a sabedoria ayurvédica às escolhas alimentares. Isto pode implicar ter em atenção o dosha dominante ao selecionar refeições em restaurantes ou escolher refeições ligeiras que equilibrem e não agravem a constituição da pessoa.

A tecnologia, muitas vezes vista como uma fonte de stress e desequilíbrio, também pode ser aproveitada para apoiar um estilo de vida ayurvédico. Atualmente, existem inúmeras aplicações e recursos online para ajudar as pessoas a controlar os seus doshas, planear refeições e manter rotinas consistentes. Estas ferramentas podem servir como auxiliares valiosos na integração das práticas ayurvédicas na vida quotidiana, fornecendo lembretes e orientação num formato que se alinha com a nossa era digital.

Também vale a pena considerar como os princípios ayurvédicos podem ser aplicados aos ambientes de trabalho modernos. O conceito de alinhar as actividades de uma pessoa com os ritmos naturais, por exemplo, pode ser adaptado para otimizar a produtividade e o bem-estar no local de trabalho. Isto pode envolver a programação de tarefas exigentes durante as horas de maior energia ou a incorporação de pequenas pausas para práticas de atenção plena ao longo do dia.

Ao adoptarmos a Ayurveda no contexto da vida moderna, é crucial abordar esta integração com paciência e compaixão por nós próprios. O caminho para o equilíbrio e o bem-estar não é linear, e é natural que encontremos desafios ao longo do percurso. A perspetiva ayurvédica encoraja-nos a encarar estes desafios como oportunidades de crescimento e aprendizagem, e não como fracassos.

Além disso, os benefícios a longo prazo da adoção de um estilo de vida ayurvédico são profundos e de longo alcance. Ao alinharmos os nossos hábitos diários com a sabedoria da Ayurveda, podemos cultivar um sentido mais profundo de ligação com os nossos corpos, mentes e o mundo natural que nos rodeia. Esta abordagem holística da saúde e do bem-estar tem o potencial não só de melhorar as vidas individuais, mas também de contribuir para uma sociedade mais equilibrada e harmoniosa.

A investigação começou a comprovar os benefícios das práticas ayurvédicas. Um estudo publicado no Journal of Alternative and Complementary Medicine concluiu que os participantes que seguiram uma intervenção no estilo de vida ayurvédico registaram melhorias significativas em vários indicadores de saúde, incluindo níveis de stress, qualidade do sono e bem-estar geral. Estas conclusões sublinham a relevância e a eficácia dos princípios ayurvédicos na abordagem dos desafios de saúde modernos.

Além disso, a ênfase na prevenção na Ayurveda alinha-se bem com as actuais iniciativas de saúde pública destinadas a reduzir o peso das doenças crónicas. Ao concentrar-se na manutenção do equilíbrio e na resolução de desequilíbrios antes de estes se manifestarem como doença, a Ayurveda oferece uma abordagem proactiva à saúde que está em sintonia com as tendências contemporâneas de bem-estar.

A integração da Ayurveda na vida moderna também se estende à nossa relação com o ambiente. A filosofia ayurvédica enfatiza a interconexão de todos os seres vivos, um princípio que é cada vez mais relevante face aos desafios ambientais globais. Ao adotar as práticas ayurvédicas, podemos dar por nós a gravitar naturalmente em direção a escolhas de estilo de vida mais sustentáveis, desde os alimentos que ingerimos até aos produtos que utilizamos.

Ao olharmos para o futuro, é evidente que a sabedoria da Ayurveda tem muito a oferecer ao nosso mundo moderno. A sua abordagem holística da saúde e do bem-estar proporciona um contrapeso muito necessário à natureza frequentemente fragmentada e centrada nos sintomas dos cuidados de saúde contemporâneos. Ao integrarmos os princípios ayurvédicos na nossa vida quotidiana, abrimo-nos a uma existência mais equilibrada, consciente e harmoniosa.

No entanto, é importante abordar esta integração com discernimento e respeito tanto pela sabedoria tradicional como pelo conhecimento moderno. "A Ayurveda não se trata de rejeitar a vida moderna, mas de viver a nossa vida moderna de uma forma mais consciente." Esta perspetiva encoraja-nos a ver a Ayurveda não como uma alternativa às práticas modernas, mas como um sistema complementar que pode melhorar e enriquecer os nossos estilos de vida contemporâneos.

Em conclusão, o percurso de integração da Ayurveda na vida moderna é um percurso de descoberta, de equilíbrio e de transformação. Convida-nos a reconsiderar a nossa relação connosco próprios, com as nossas comunidades e com o mundo que nos rodeia. À medida que avançamos, levemos connosco a sabedoria da Ayurveda, permitindo que ela nos guie para uma maior saúde, harmonia e realização no nosso mundo acelerado e em constante mudança. O caminho pode nem sempre ser fácil, mas as potenciais recompensas - uma vida de equilíbrio, vitalidade e profundo bem-estar - são imensuráveis.

CONCLUSÃO

Ao longo de "Sabedoria Ayurvédica: Cura Antiga para a Vida Moderna" explorámos a sabedoria antiga da Ayurveda e a sua relevância no mundo acelerado de hoje. Aprendemos que a Ayurveda não é apenas um sistema de medicina, mas uma abordagem holística da vida que engloba dieta, estilo de vida e práticas espirituais. Ao compreender a nossa constituição única ou dosha, podemos fazer escolhas informadas que promovem o equilíbrio e o bem-estar em todos os aspectos da nossa vida.

O livro forneceu orientações práticas para nos alinharmos com os ritmos da natureza, comermos de acordo com o nosso dosha e incorporarmos o ioga e a meditação nas nossas rotinas diárias. Descobrimos o poder das ervas e especiarias ayurvédicas, os cuidados naturais com a pele e os remédios caseiros para doenças comuns. Desde a gestão do stress à desintoxicação, da saúde da mulher à vitalidade do homem e até à criação de um espaço de vida harmonioso, a Ayurveda oferece uma abordagem abrangente à saúde e ao bem-estar.

Talvez o mais importante seja o facto de termos visto como a Ayurveda pode ser perfeitamente integrada na vida moderna. Ao adaptar estes princípios testados pelo tempo aos nossos estilos de vida ocupados, podemos alcançar um estado de equilíbrio que apoia o nosso bem-estar físico, mental e emocional. A combinação da sabedoria ayurvédica com os conhecimentos médicos actuais oferece um poderoso conjunto de ferramentas para uma saúde óptima.

Ao concluirmos esta viagem pela Ayurveda, lembrem-se que a verdadeira saúde não é apenas a ausência de doença, mas um estado de energia vibrante, clareza mental e equilíbrio emocional. Ao adotar os princípios da Ayurveda, podemos cultivar uma ligação mais profunda connosco próprios, com o nosso ambiente e com o mundo natural que nos rodeia. Este caminho para o bem-estar holístico não é um destino, mas uma viagem ao longo da vida de auto-descoberta e crescimento.

Num mundo que muitas vezes parece caótico e desconectado, a Ayurveda oferece um roteiro de volta à nossa sabedoria e vitalidade inatas. Ao fazermos pequenas e consistentes mudanças na nossa vida quotidiana, podemos criar alterações profundas na nossa saúde e felicidade globais. Ao terminar este livro, considere como pode incorporar estes ensinamentos na sua própria vida, criando uma abordagem personalizada ao bem-estar que honre a sua natureza única e apoie o seu potencial mais elevado.

REFERÊNCIAS

1. **Introdução à Ayurveda: Sabedoria Antiga para a Vida Moderna**
- **"The Complete Book of Ayurvedic Home Remedies "** de Vasant Lad
- **"Ayurveda: A Ciência da Auto-Cura "** de Vasant Lad

2. **Compreender o seu Dosha: Descobrir a sua constituição única**
- **"The Dosha Diary: Descubra o seu Dosha Ayurvédico e equilibre a sua mente, corpo e espírito "** por Nancy Lonsdorf
- **"Saúde Perfeita: O Guia Completo Mente/Corpo "** de Deepak Chopra

3. **O Relógio Ayurvédico: Alinhar-se com os ritmos da natureza**
- **"The Ayurvedic Guide to Diet & Weight Loss: The Ancient Ayurvedic System for Balancing Your Dosha "** pelo Dr. John Douillard
- **"The Yoga of Eating: Transcending Diets and Dogma to Nourish the Natural Self"** de Charles Eisenstein

4. **Nutrição Ayurvédica: Comer para o seu Dosha**
- **"The Ayurvedic Cookbook "** de Amadea Morningstar e Urmila Desai
- **"Ayurveda e a Mente: A Cura da Consciência "** por David Frawley

5. **A Arte da Cozinha Ayurvédica: Receitas nutritivas para todos os Dosha**

- **"Ayurvedic Cooking for Self-Healing "** de Usha Lad e Vasant Lad
- **"A Cozinha Ayurvédica: Receitas quotidianas para o equilíbrio e o bem-estar "** de VaidyaMishra

6. **Ervas Ayurvédicas e Especiarias: O armário de remédios da natureza**
- **"The Yoga of Herbs: Um Guia Ayurvédico para a Medicina Herbal "** de David Frawley e Vasant Lad
- **"Herbs of Grace: Herbal Remedies for Everyday Life "** por L. A. McGowan

7. **Ioga para o seu Dosha: Asanas de equilíbrio e Pranayama**
- **"Yoga e Ayurveda: Auto-Cura e Auto-Realização "** por David Frawley
- **"O Coração do Yoga: Desenvolvendo uma Prática Pessoal "** por T.K.V. Desikachar

8. **Meditação e atenção plena: Cultivar a paz interior**
- **"A Arte da Meditação" de Daniel Goleman
- **"Mindfulness in Plain English "** por Bhante Henepola Gunaratana

9. **Cuidados de pele ayurvédicos: Beleza natural a partir de

dentro**

- **"Ayurvedic Beauty Care "** de Light Miller e Steven D. Miller
- **"The AyurvedaBeauty Guide "** de Swati Modo

10. **Ayurveda para a saúde digestiva: A chave para o bem-estar geral**

- **"The Complete Book of Ayurvedic Home Remedies "** de Vasant Lad

"Saúde Digestiva: Ayurveda & Yogic Therapies " pelo Dr. Vasant
Moço

11. **Sleep and Relaxation: Práticas ayurvédicas para noites tranquilas**

- **"A Enciclopédia Ayurveda: Segredos Naturais para a Cura, Prevenção e Longevidade "** por Swami SivanandaRadha
- **"Ayurveda para o sono e o stress" do Dr. John Douillard

12. **Gestão do stress: Abordagens Ayurvédicas para os Desafios Modernos**

- **"The Ayurveda Way: 10 Principles for Perfect Health and Wellbeing "** de Pratima Raichur
- **"Ayurveda: A ciência da auto-cura "** por VasantLad

13. **Desintoxicação e limpeza: Métodos Ayurvédicos de Purificação**

- **"The Complete Book of Ayurvedic Home Remedies "** de Vasant Lad

- **"Cleanse and Purify Thyself: O Guia Completo para a Desintoxicação "** de Richard Anderson

14. **Saúde da Mulher: Sabedoria Ayurvédica para todas as fases da vida**

- **"Saúde e bem-estar das mulheres: Um Guia de Ayurveda "** pela Dra. Shubhra Nanda

- **"Ayurveda e a Mente: A Cura da Consciência "** por David Frawley

Printed by Books on Demand GmbH, Norderstedt / Germany